北方门窗隔扇

收藏与鉴赏

姜维群〇著

中国书店

图书在版编目（CIP）数据

北方门窗隔扇收藏与鉴赏 / 姜维群著. –– 北京 :中国书店,
2012.9

ISBN 978-7-5149-0462-8

Ⅰ.①北… Ⅱ.①姜… Ⅲ.①古建筑 – 门 – 建筑装饰 – 介绍
– 中国②古建筑 – 窗 – 建筑装饰 – 介绍 – 中国Ⅳ.①TU–884

中国版本图书馆CIP数据核字(2012)第183968号

北方门窗隔扇收藏与鉴赏
姜维群 著

责任编辑：浔 玉

出版发行：中国书店
地　　址：北京市西城区琉璃厂东街115号
邮　　编：100050
印　　刷：北京市十月印刷有限公司
开　　本：787mm×1092mm 1/16
版　　次：2012年9月第1版　2012年9月第1次印刷
印　　数：1-3000
字　　数：40千字
印　　张：13
书　　号：ISBN 978-7-5149-0462-8
定　　价：78.00元

序：门窗隔扇是景观

○ 姜维群

在天津城西，有一千年古镇杨柳青。此镇依傍京杭大运河，是古代从北京走水路去江南的必经之处。清代乾隆皇帝几次下江南都途经此地，故此段河道被称作"御河"。还有传说，此地原名"柳口"，而"杨柳青"之名还是乾隆皇帝的顺口一说。

其实，杨柳青之所以名扬天下，与乾隆皇帝干系不大，而在于"杨柳青年画"。据学者王树村考订，杨柳青年画始于明朝万历年间，盛于清代中叶，为中国四大年画（其他三种年画是：江苏桃花坞年画、四川绵竹年画、山东潍坊杨家埠年画）之首。

今天，杨柳青古镇的面貌变了，现存的古建筑寥寥无几，仅有石家大院和安家大院等几个院落保留下来。安家大院是在2004年开始腾迁居民后才进行修缮的，不仅完整地保存了原有的建筑，还从天津老城拆下的隔扇门窗中精选出三百多扇，近百个品种样式，花费心思安装在安家大院的老建筑上，使这里成为北方古代隔扇门窗的展示基地，为研究北方和天津古典建筑木作提供了"活化石"。古建筑和任何古董一样，存留了大量古代和旧时的"信息"，然而"人类一思考，上帝就发笑"，现代人一动手，准留下"笑柄"。

纵观我们一些地方所谓的修旧如旧，对古建筑没有修只有拆。修是什么？是修修补补，毫不改变它的结构外形，是修缮，是修治。

天津有位叫魏克晶的建筑专家，曾主持修葺天津蓟县独乐寺工程，从1990年到1998年，大部分时间吃住在那里，整整用了八年多时间。他说，古建筑从设计到施工，无不体现古人的聪慧和才能，体现着严谨和缜密，让人叹服。历经千年

1

的木结构至今屹立，我们今天的"修"，不是用今人的思维、现代的材料去"改造"它，而应当仍用古人的思路去维护它。魏克晶说，哪怕换一个木楔子，也要反复掂量论证，否则千年古建未毁于天灾人祸，而毁于我们之手。修，不能拍脑门想当然，也不能按现在的手段去"修"它。修旧如旧，不是一件容易的事。这样的修，其实是一种奢侈。

杨柳青安家大院的修复，源于一个契机。

20世纪末，经济腾飞的中国，城市改造加快了步伐，加大了规模，有600年历史的天津老城厢地区开始成片改造，那些从旧房上拆下的木结构（房柱、房柁、房檩、过木等）、木装修（门窗、隔扇、挂罩等），都被送到旧物市场上，一时间堆得房盈库满，到处都是。因是旧物，人们并不珍惜，曾见卖旧物的小老板随便将一扇有残损的木隔扇拆了，笔者大略数了数，这扇隔扇的格心竟是用五百多块木头拼成的，想必当年木匠是花费很大心血才做成的。出于一种可惜，更出于一种对古代建筑的喜爱和留恋，我开始收买一些木隔扇。经过挑选，讨价还价，一年下来，竟买下几百扇隔扇门窗放在那里，堆得像一座小山。

隔扇门窗只有放在建筑上才有价值，才能显现风采。于是便有了或买或建四合院的想法。这说来很像是听相声：因有一碟带姜末的醋，便去买了二斤河蟹，以便一碟醋不被糟蹋。这真是一种无奈的解嘲，也是一种黑色的幽默。

修复后的安家大院前院正房

爱人是比我还发烧的藏友。2003年岁暮，买下了千年古镇杨柳青三套老四合院——安家大院。此院落是清代同治年间的老房，已有150年历史，是"赶大营"的杨柳青安氏家族的居所，占地1000多平方米，共分三个院落，是北方的四合连套格局。前面是一个大院子，院内有内门相通，后院分东西两个小院，院中还有清代金银库、"文革"防空洞等地下遗存物。这三个院落内里相通，结构疏密有度，回环自如，是典型的内宅外院结构。

新中国成立后，安家大院成为大杂院，青色垅瓦改换成红色平瓦，前脸一律改成红砖，都换成了清一色的简陋的玻璃门窗，三个院子住了27户，又私搭乱盖大小房屋30余间，已把院子"改造"得面目全非，用"惨不忍睹"四字来描述，绝不为过。万幸的是，院落总体布局没变，房屋的基础结构没被破坏，房柁、房檩、青砖、望板等依然如故。

从开始修复的那一天起，才真正体会到：修旧如旧其实是一种奢侈。以前对那些把旧建筑推倒重建的做法很不理解，现在终于明白，重建与修旧相比，很省心很省事，甚至说也很省钱。

且不说垒墙的老砖、老砖雕、老石雕，只说把这些老门窗、隔扇严丝合缝又不失总体风格地安装上去，真是一件极费脑筋的事。三个院落占地近两亩，房屋建筑600平方米，房间有50来间，用了近300扇门窗隔扇，总计有几十个品种。天

修复前的杨柳青安家大院

3

安家大院前院西厢房

津市古建筑专家魏克晶先生，看到修复后的安家大院说，把这么多品类不同的隔扇放在一起，这么谐调这么舒展，真是个奇迹，堪称是北方隔扇博物馆。

古建筑装上这些门窗隔扇，一下子让院落在时光上倒退了百年。门窗隔扇装置在那里，真正成为供人欣赏、供人研究的实物了。

笔者有一"荒谬"的理论，搞研究要长进得快，第一，要亲自去买。买是鉴定水平高低的最好考量。有的人说起收藏，头头是道，你让他拿自己的钱去买，他就心虚胆战腿发软。不敢买说明心里没有底。第二，一定要把东西买到家，仔细观赏。由于可随便摩挲随便看，眼力长进很快，"大夫不临床，看书瞎白忙"，买藏品犹如医生临床诊断，若只是纸上谈兵，按图索骥，作为长知识、提高学问之举未尝不可，但若用于收藏，则明显有缺陷。真正收藏的大家，不是总想着捡漏，靠捡漏也成不了收藏家。再说，世间哪有那么多的便宜让你去捡。还有就是便宜捡多了，准要吃大亏上大当。收藏也需要厚道，商人可以奸，可以诈，但藏家不可以奸也不可以诈。有一句俗语用在这极贴切："吃亏常在，吃亏是福。"

收藏是一个购物过程，藏家与商家是鱼和水的关系，谁也离不开谁。记得修复安家大院，大门门洞和后院穿堂屋需要铺地的老方砖，曾向一个山东人买过不少旧房柁、旧隔扇，在价格上没和他特别计较，所以你缺什么，他就到处去找。恰恰在最需要的时候，他送来了一百多块包浆很好的老方砖，很低廉的价格几乎

安家大院前院东厢房

像是白送给我们。这真不是钱的事，主要是解了燃眉之急，关键时刻显示出情感的重要。

收藏，在很多时候考验人的心智和定力。不可以跟大流、随风走。比如说老四合院的修复，笔者曾到北京走访过多处修复过的四合院，无一例外地都是垂花门，梁枋处施以彩画。这种修法已成为一种定式，不论谁修复，四合院都修复成这个样子。并不是这样修复不好，而是说老北京的一般民居并不是这样的，只有王府才弄成这个样子。王府的院落大，房屋高大轩敞，彩画描金，气派非凡；北京民居四合院一般较小，占地二三百平方米，小门小户，却也红柱绿栏加彩绘，小场地大架势，像小脑袋戴一顶大帽子，总让人觉得不舒服。

本人收藏的门窗隔扇，属天津北方一路，其隔扇的格心部分已由满满的花饰变成几何图案，简约大方，用北京王府的修法肯定不行。但是，在如此强劲的时风面前，一般人是要就范的，敢这样断定，一般人修复肯定把北京的"王爷府"花花绿绿地搬到这里。所以，收藏者的心智和定力是战胜时风的最好武器。

收藏者的心智定力，还体现在菩萨心肠上。佛家的清规戒律首先要不杀生。"不杀"就意味着保护，收藏是对藏品的呵护保护。最好的保护是什么？不是把它们拆下来放进仓库叫保护，放在应该放的位置上，才是最好的保护。

天津有条三百年的老商业街估衣街，在前几年拆掉了。在这条街上有一名店瑞蚨祥，瑞蚨祥店中有一面大镜子，长三米，高两米半，用花梨木做成镜框，后

安家大院东西厢房的拱形窗

半圆形的青砖碹和古典窗棂格,彰显着古建筑的美与和谐。

背板是可以拼插的六扇镜框。此镜子是该店的镇店之宝,正面是超乎寻常的大镜子,背面是六扇屏名人书法,当年曾是店中一道景观。建筑拆除后我们收藏了这面镜子。收藏后才真正体会出《庄子·逍遥游》所讲的"大而无用"的道理,大镜子太大了,一时还找不到合适的地方安置它,不仅物不能尽其用,而且还随时有毁坏之虞。修复杨柳青安家大院时,终于为它找到了安身之所,用作前院北房中的一扇隔断墙立在那里,既豪华又气派,背面六扇屏成为书房的背景墙,依然是一道风景线,观众观之无不赏之叹之赞之。愚以为这才是真正体现价值的保护。

这种思路还体现在安家大院修复使用老隔扇上。固然,古代讲究的院落,要采用样式一致的门窗隔扇,现在为保护这些门窗隔扇,让它们体现价值就必须各就各位,既不能杂乱无章,又不能违背古建筑的规律,这就增加了修复难度。这很像数学家自己认领了一道很难计算的难题。

办法总比困难多,驻守在修复现场五个月,终于把二三百扇隔扇门窗妥妥帖帖安置在了这三个院落中,等再把各色家具、钟表等千余件藏品放进屋里后,古镇杨柳青轰动了,天津轰动了,著名文化学者冯骥才两次来到安家大院,对我们修复旧宅的理念、弘扬传统文化的壮举,倍加赞赏。

收藏的心智和定力来源于对中国传统文化的理解,离不开人对物质的淡定和对世事的宽容。这些理念的、文化的、物质的东西放在一起,在你不经意中忽然像经过了一次化学裂解,于死水微澜中蓦地波涌浪翻五彩斑斓起来,让收藏家自

安家大院前院北房安装一排落地明造隔扇

已都猝不及防。

　　有人曾私下给王世襄先生计算财产，他收藏的明代家具"重器"有几十件之多，哪件不值几百万元人民币？和他当年的投资相较，怕是升值了成百上千倍。但我相信，王世襄本人绝不会在那掰着手指算计藏品又升值了多少。人们缘于一种爱好去从事某种活动时，连性命尚且不惜，又何谈享受和金钱！这让人想起钱钟书先生的一件逸事，电视台拟拍摄《当代中华文化名人录》，找到钱钟书却遭拒绝，于是有人劝钱先生说，被录制的文化名人可以得到一笔可观的报酬。钱先生说："我都姓了一辈子钱，难道还迷信这钱吗？"

　　收藏是一种文化，也是一种道德道义的坚守。常有人把收藏当作储蓄或商

安家大院北房中的厅堂

安家大院前院北房为五间,室内开间用悬空不落地的几腿罩和落地罩分隔,居中一间,修复后布置成北方厅堂,摆上条案、太师椅和茶几。西侧一间是待客室,南北各摆上两对太师椅和茶几,东侧一间摆放罗汉床,是主人小憩和待客之所。

品，由于利润的引诱，会自觉不自觉地做些违心的事。像做假物再找"专家"作伪证，其实是给今后的鉴定设置谜团和障碍，皆为一己之私。王世襄先生是收藏界的领军人物，其藏家鉴家的职业道德让人翘指，其在《明式家具研究·再版后记》中"声明"：

> 仅就家具而言，（我）对多种过去从未进口木材之辨认、仿制、修配，新技术、新材料之探索使用等，竟有茫然之感。可见家具知识，已落后于时代。即使依循往日求知之道补充知识，奈老矣，耄耋之年，实已无能为力。

知之为知之，不了解就是不了解。在学术上体现学识，在操守上凸显道德，几近一生的痴迷，让人读到中华文化带给人的执著、谨严和乐观豁达。

收藏像一面能折射出七彩光的多棱镜。

研究者从收藏中得到书本之外的物证，玩家从此中可以收获高雅的逸趣，有心人研究藏品，可以管窥已消失的历史，也让一无所有的人一夜暴富。这七彩中有让人心仪的橙红，也有使人心悸的蓝黑，任何收藏家（爱好者）都笼罩在这七

民国时期的天津隔扇
安装在安家大院后东小院东厢房的前脸上，具有洋化的特点。

彩光中，消耗着时间、消耗着心血、也消耗着金钱。

收藏是保藏、保存之意，其实是一个不断发现藏品文化价值的过程。中国文化博大精深，像是一座宝藏，让人一生探索不尽，也让人一生受用不尽。所以即便是做收藏生意，也能让人逐步地文雅起来，甚至成为某一专项的专家。如老北京琉璃厂，从民国到现在，那里的文物商人进入文博界，成为名人的不少；当然，也有不少文化人，为了生计，到这里开店，成为文物商人。笔者一位朋友自幼习字临帖，长大后拜名师学文学诗，后为生计，在北京琉璃厂开了一家古玩店，因历史知识扎实，为人儒雅忠厚，结交了一批文化名人，生意越做越大。他感慨地说，以前以为做这一行丢人，现在像突然发现了金矿，越挖越深，钱当然赚了不少，但学问、知识、眼力的长进最大。

俗话说"有意栽花花不发，无心插柳柳成荫"，许多人的从业经历就是如此。如沈从文先生，新中国成立之前是一位在文坛上颇有影响的著名作家，新中国成立后，他在故宫博物院从事文物研究，撰写的《中国古代服饰研究》和王世襄《明代家具研究》一样，是收藏研究领域并耀的双子座。应验了"有所得必有所失，有所失也必有所得"，"失之东隅，收之桑榆"之语。对于收藏来说，无所谓"得"，也无所谓"失"，真正填充的是一种境界，此乃永远也失不去的人生真正的"得"。

再扯回门窗隔扇，中国古建筑是人类智慧的瑰宝，然而一经拆除，精美的斗拱梁柱，不过是一堆长短参差的旧木头。唯有隔扇门窗拆后还可以独立存在，成为一项专项收藏。

中国古建筑很多，赶上城镇大规模改造的时代，甚至有房地产商喊出"有多少城市可以重来"的广告语。这样以利益驱动的"拆"，使多少古建筑古村落消失于一夜之间。一些热爱历史文化、热爱收藏的人，以个人微小的力量保存了一些隔扇门窗，建了博物馆，但这在"拆"的熊熊烈焰前，仅是杯水车薪，却体现出一种精神，一种境界。

收藏应该像读书，读书不是为了炫耀自家的学问，而是通过读书改变人生的态度，提升思想境界，踏踏实实做成一件事情。收藏的意义似乎也应如此，不是像开一辆高档车那样标榜自家的富有，而是真真切切地做一些有利于文化发展的事，让曾经的历史在这里"立此存照"，找寻心灵的一方净土，求得思想上的一份安宁。

目 录

第一章
门窗隔扇史话

一、门窗是给建筑带来光明的使者

门窗是给一座建筑带来光明的使者，一般说没有门窗的民居建筑是不可思议的。正如钱钟书先生在散文《窗》里说的：

> 有了门，我们可以出去；有了窗，我们可以不必出去。窗子打通了大自然和人的隔膜，把风和太阳逗引进来，使屋子里也关着一部分春天，让我们安坐享受，无需再到外面去找。

追溯人类历史，今天的建筑则起源于巢和穴。我国境内已知的最早人类住所是北京猿人居住的岩洞，而旧石器时代人居住的洞穴在贵州、浙江、湖北、广东和辽宁等地均有发现。天然洞穴被原始人利用作为住所是一种较普遍的现象，我们今人称之为穴居。巢居则是地势低洼潮湿而且多虫蛇地区原始人采用的另外一种居住方式。我国古代文献中载有巢居的文字，《韩非子·五蠹》言：

> 上古之世，人民少而禽兽众，人民不胜禽兽虫蛇，有圣人作，构木为巢，以避虫害。

这样的巢穴基本上没有脱离人类生活的原始形态，和鸟的巢、兽的穴没有太大的差异，更提不上什么门窗户牖了。

在距今六七千年前，浙江余姚河姆渡村出现了建筑物，这是我国已知的最早采用榫卯技术构建房屋的实例。木构件遗物有柱、梁、

古建筑的门窗
拱形窗给室内带来光明和赏心悦目的美感。

枋、板等，许多构件上都带有榫卯。这些房屋虽不敢断定它有无窗户，但有一点可以肯定，那房屋一定有门，否则人无法出入。门（或许只是一个出入口）应该说与建筑是同时出现的。此时期房屋内都备有烧火的坑穴，屋顶设有排烟口。应该说此时的人已完成了巢、穴到房屋的过渡。人类从穴居到半穴居，最终进展到平地上修建房屋，开始农耕生活了。

随着地面建筑的出现，建筑随着社会生产力的发展在不断进步和完善，一刻也没有停止。夏、商两代，宫廷、宗庙及民房已有相当规模，至西周时出现了板瓦、筒瓦，从陶器发展而来的制瓦技术，使建筑在"茅茨土阶"的简陋状态下进入比较高级的阶段。《论语》中有"山节藻棁"（斗上画山，梁上短柱画藻文）的描述。《左传》也记载有鲁庄公丹楹刻桷的文字，即在楹柱上描丹，在方椽上刻花纹。这些装饰肯定延伸到门窗之上，门窗系统在此时应该说已臻完善了。

汉代陶庄园模型

　　高89厘米　长130厘米　宽114厘米

　　河南省博物馆藏

　　河南省淮阳县王庄出土。汉代庄园建筑今已不存，所见无非是地基、遗址之属。这件陶庄园模型由两部分组成：东部是三进院落，由前院、中庭、后院组成。西部是田园。此庄园模型结构严谨，是汉代庄园经济发展的写照。为研究汉代庄园生活和建筑提供了一份完整的资料。

汉代彩绘陶仓楼
高148 厘米
河南省博物馆收藏

　　河南省焦作市出土。陶
仓楼有五层。楼前有一小院，
大门两侧为双阙楼，院内有
台阶，可直达二楼，二楼有出
檐平台，上有一人正在观望。
三、四层楼均出房檐、斗拱。
第五层楼为望楼，楼顶立一
鸠。全楼彩绘艳丽，为汉代陶
楼中仅见的珍品。

　　一提到古代，一谈到两千年前，现代人总以为那时的人生活得很简陋，房屋
很不舒适，其实并不尽然。在咸阳市东郊发掘的一座战国时期的高台建筑遗址，
台上建筑由殿堂、过厅、居室、浴室、回廊、仓库和地窖等组成。寝室中有火
炕，居室和浴室都设有取暖用的壁炉。其地窖更有冷藏功能，采用陶管沉井法建
在地下13米–17米深处，这是一个比现代人还先进的不用能源、毫无污染的"天然
大冰箱"。

　　汉代画像砖忠实且形象地记录了这一时期的建筑，从画像上看，不但有开启
自如的门，而且建筑也雄伟、高大。在甘肃武威等地出土的东汉陶屋，就有高达
五层的建筑，至于三四层楼的陶屋明器，在各地汉墓中都有发现，而且层层都有
或圆或方的窗户，并有类似窗棂的形制。这说明，此时的建筑不仅门窗完备，而
且有了装饰功能，与当时出现的悬山顶和庑殿顶、攒尖、歇山、囤顶一起，使中
国的建筑达到一个空前的水准。

古建筑室内

　　从图中可以看出古建筑室内人字屋顶和壮硕的柁檩，还有既透光又美观的隔扇装饰，东方古典建筑的神韵凸现。

　　门与窗是建筑的眼睛，从民居内部来看，门窗是居室向外观景的"眼睛"，是视野的扩展，采光、通风效果增强；从民居外部来看，门窗是赋予房屋通透功能，并使建筑呆板单一的墙面具有灵秀感。门与窗是与建筑水平的提高而同步发展的，他们像是光明的天使，鼓翅飞到人类的房屋上。明亮、通透的房屋，给人以舒适、愉悦和敞快感，这一切离不开门窗——给一座建筑带来光明的使者。

二、门窗溯源

最早的门、窗应该仅是一个天然洞口，它既有出入的功能，又有采光通风的功能。正像《礼记·礼运》所说：

> 昔者先王，未有宫室，冬则居营窟，夏则居橧巢。

营窟就是洞穴，冬日暖且温；橧巢是用树枝搭建的似鸟巢的居所，夏日凉而爽。这样的"建筑"根本无门窗可言了。

门的出现，是人类建筑的一大进化，门是放在"洞口"的一个阻隔，是领域的划分，是隐私的屏障，更具防盗的功能。在甲骨文中出现的"门"字，是象形字，门的上部是一条嵌入门枢的横木，下部很像两扇门（門），金文则把门上的横木去掉了（門）。门是两扇，户则是单扇门，古人从文字的形态上将其意思表述得很清楚。门的开启、门的关闭都使人在建筑中的出入自由和起居私密得到保护。《晋书·谢安传》中有"过户限，心甚喜"的话，户限是什么？是门槛，人过门必须要迈过门槛，证明这是一种"限制"，此外，门槛还能限制小动物的"长驱直入"。

从建筑学角度谈，门只是具有出入和屏蔽的功能，而门在象征的层面上却是大而无垠，高而万仞了。只说天安门和凯旋门，前者有门，后者只是一个门洞，但它们却象征着两个国家。门又象征家族，满门抄斩、灭门之祸，这里的"门"是指一个家族。门第、门宇、门仞是对人府第的敬畏和尊崇。

若说门是与建筑同时共生的，是一个出入口，那么窗的出现就是人智慧的体现。正如朱熹所讲：

> 牖，巢之通气处。户，其出入处也。

窗从来不是出入口，但窗是采光通风的重要装置，补充了门采光通风的不足，延伸了屋内主人的目光，形成建筑物内外的交流互通，使建筑墙面有了通透感。窗的出现是一大进步，在窗前读书、针黹，窗给室内送来了光明，增加了房

中国古建筑主要是木结构

屋居住以外的功能。尤其是足不出户的妇女可以当窗梳妆展示一种靓丽，汉代枚乘诗云："盈盈楼上女，皎皎当窗牖。"窗户不仅仅是采光，而且是建筑的装点，诗人崔颢《邯郸宫人怨》诗云："水晶帘箔云母扇，琉璃窗牖玳瑁床。"宋代时窗子上有了窗格窗棂，装饰性已很强了，诗人杨万里吟诗曰："迎寒窗隔（槅）重糊遍，只放书边数眼明。"

中国古建筑大都是木结构，像柱、枋、斗拱、屋架等是由"大木作"匠人制作的，而各种木隔断、罩、天花、藻井及门窗等，是由木工手艺更加精细的"小木作"匠人制作的。

小木作技艺不断发展进步，像窗户，唐代以前房屋的窗户是固定的，不能开启，其透光和通风功能受到一定限制。宋代时，开关窗渐多，给人们的居住带来方便，因此窗户的类型和外观都有很大的发展，使原本仅有实用功能的窗户成为建筑装饰的重点，并逐步成为表现文化内涵和争比奢华的重要建筑部位。

铝合金门窗从20世纪八九十年代开始流行，十几年之后因不保温、缝隙大、隔音差等原因逐渐被人们淘汰，代之而起的是塑钢门窗，虽然功能较铝合金门窗有很大改进，但毕竟只是安装在一般楼房上的实用型门窗，在装饰风格方面与中国古建筑木门窗差得很远，可以说基本上没有中国古建筑木门窗的文化风韵。

7

壁画中的古建筑

　　从元代壁画中的古建筑，可以看到带有门钉的板门和直棂格子窗。

现在仍有用木隔扇装修的商店

现代随处可见的塑钢门窗,仍有古典木隔扇的影子

三、隔扇是门窗的第二代

门在建筑中出现得最早，随后又有了窗户，使建筑具备了出入、采光、透气等基本功能。但门和窗在功能上还有不完备的地方，如门，它有进出功能，还有阻隔功能，然而最初却没有透光功能。因为门，尤其是民宅只是两块木板制成的板门。一直到20世纪七八十年代，山西省山区农村，其院门是板门，其一明两暗正房的门也是板门。即使在寒冬时节，做饭的时候也要打开门，让光透进屋中。当然了，这样的板门是历史的存留物，板门是门最古老的形制。

窗户的主要功能是采光。人白天在室内活动，需要光线才能进行。试想一个没有窗户的房屋，里面黑呼呼的，不点灯，就不便行动和做事。自窗户在建筑上出现以后，阳光透过窗户射进屋中，人在室内可以很方便地做事，同时，人们的生活质量也得到了改善。

由于远古时代的建筑没有保存下来，今人不可能看到远古时代门窗的形制。好在"事死如事生"的汉代人，把当时的民居建筑制成陶质模型，作为明器放入墓中陪葬，使今人能看到汉代明器中的陶院落、陶楼阁模型，不仅知道汉代庄园的状况，也看到汉代窗棂格已有直棂、卧棂、斜格和套环等样式。

古民居中的落地罩

落地罩是隔扇的延伸，一般装饰于屋内，使两屋既连通又分割。

在日常生活中，人们逐步发现窗户的透光面积毕竟有

10

限，于是综合门的高大，结合窗的通透，就发明了一种既能开启又能透光的非门非窗的木作——隔扇。

隔扇，旧时写成槅扇。唐代时已经出现，到宋、辽、金时已广泛使用，宋人称作"格子门"，后人多称作"隔扇门"。因为它就是作为门来使用的，与门不同之处是将门的上半部分采用像窗户那样具有通透性的做法，如此一来，门的开启功能和窗的采光功能合二而一了。这种隔扇门一直沿用在老北京的四合院中，成为老北京四合院一个很鲜明的特点。曹禺的话剧《北京人》第二幕中有"那些白纸糊的槅子门，每扇都已关好"的对白，便是佐证。在现今北京一些老四合院中，还能看到上半部是方格子的门，与过去不同的是不再糊高丽纸，全改为透光更好的玻璃了。

张爱玲祖母照片

背景是雕花排门，一看就知是一座很讲究的宅院。

隔扇门的改进，不过是利用格眼透光，增强室内的采光。隔扇墙的出现与流行，打破了屋内实心隔断墙的视觉阻隔，突破了仅仅是为采光而扩大"格眼"面积的传统思路，使中国木构建筑室内装修又登上一个新的高度。

明代时，房屋的前脸由砖墙改为木隔扇，屋内的砖、木隔断墙也改用木隔扇。把具有通透灵动感的隔扇联结成一樘，用作房屋前脸和内开间的隔断，不仅使整面"墙"生动起来，而且扩展了人在屋内的视野，使房屋更适应人们的生活需要，这正是东方建筑理念的智慧之处。

《儒林外史》第二十二回说：

> 从镜子后边走进去，两扇门开了，鹅卵石砌成的地，循着塘沿走，一路的朱红栏杆。走了进去，三间花厅，隔子中间，悬着斑竹帘。

三间的花厅本来是以砖墙或木板作为断间，明清时多施之以隔扇，使房与房之间有了视觉上的整体感，似断非断，似连非连。此后又有了罩、挂落等横向透空花棂装饰，中国建筑木隔扇系列也就形成了，成为中国古建筑不可或缺的美学符号。

装有木隔扇的房屋，是权贵和富豪之家，如云南丽江民居基本是四合院的天井形式，其正房前脸装有六扇格子门，当地的习俗，有地位的人家（土司和功名在进士以上者），大门才能开在房屋的正中，与正房的格子门相对。从这习俗可以看出，大门的位置与正房前脸的隔扇门，是十分重要的院中景观。

直到民国时期，木隔扇仍然是我国民居室内最有特点的环境装饰物，许多名人在回忆录中都提到。例如程永江在回忆父亲程砚秋的文章里描述他家在北京的一座四合院：

北房东内间，是内眷们聚谈的地方，用雕花窗棂木隔扇墙与正厅分隔开。

从这里简短的文字可知，雕花窗棂木隔扇，在清代乃至民国时期是建筑中一直沿袭的装饰，这种装饰从唐宋以来一直在完善，一直在发展。从其发展脉络分析可以得出这样的结论，隔扇是门窗"杂交"而出生的第二代。

第二章 中国古典门窗隔扇简介

一、中国古典门

门的种类不多，从形制来说有单扇门和双扇门；从使用来说有外门、内门；从类别来说有实榻大门、棋盘门、镜面版门、格子门和隔扇门几类。

外门是院门，一般临街。外门强调阻隔性，具有安全防范的用途，故外门一般强调厚重结实，由于外门还是房主身份的象征，所以有很多讲究，如皇宫、王府大门还要强调威仪森然之感。

内门就是院内房屋的门，有双扇板门、双扇隔扇门、单扇格子门。内门注重装饰性，而且重装饰性大于防范性，因为四合院大都是一家居住，门户不必要求太牢固，所以内门多用格子门或隔扇门，这样就有了通透性，与门外有了某种意义上的沟通。

双扇门和单扇门古时就有，我们从甲骨文上就能看到这一点。门的繁体字为"門"，其形状就是两扇门板，而单扇门板是繁体门字的一半，一个"户"字。

1. 实榻木门

实榻大门是用厚木板加穿带制成的大门，用料厚重，厚板之间拼缝严密，后面的穿带正好与门钉的路数位置重合，门钉将木板与穿带紧钉在一起，非常结实，用于城门、宫门、王府门、署衙门、庙宇等，尺寸不同。

宫门、王府门、署衙门的实榻大门，外表平整光洁，漆成朱红色，有门钉、铺首。皇宫的实榻大门，高大雄伟，上有九行九列或八行九列金色的门钉，虽是装饰，却昭示帝王之尊。古代流行的阴阳五行学说以单数为阳，偶数为阴，而阳数中又以九最大。故九行九列、八行九列的门钉规制仅皇家可用，王公大臣之家则逐级而减，只许用七行七列、五行五列门钉的大门。

民居用实榻大门，尺寸较小，也是用厚木板拼合而成，这样的门扇比比皆是，背面用横木、竖木，做成可以插上的门闩。民间较讲究的大门是用柏木做成，这种木质沉重、耐磨，且不怕水浸日晒，十分耐久，是制作民居大门的上佳材料。

宫廷建筑实榻大门

　　北京天坛斋宫正门(东门),门上有九行九列门钉。

宫廷建筑实榻大门

　　北京故宫西华门外某王府修缮后的大门,但为了走车方便,没有修高门槛。

2. 棋盘门

棋盘门又叫"攒边门"，是板式大门的一种，外表平整，因采用宽大厚重的框架结构制成，大门里面可见数根穿带(起加固作用)呈方形排列，故名。

棋盘门作为一种门扇的制作方法，使用范围较广，可用于府衙大门、民居屋宇大门、房门、墙门等。用作于府衙大门、屋宇大门时，多做成余塞式，还要有下槛、上槛、抱柱、门框、连楹等构件，大门上还有金属门钹等。

棋盘门用于民居大门，因安装位置不同，有广亮大门、金柱大门、如意门、蛮子门等名目，棋盘门的做法也有所不同。

北京民居大门(棋盘门)

北京民居大门(棋盘门)

北京民居大门(棋盘门)

清代扬州府衙大门

天津格格府大门

3. 镜面门

镜面门是一种做工轻巧的门扇，用薄木板加穿带拼成，两面平整，不见边框，一般以四扇或六扇一樘的方式安装在垂花门的后檐柱之间，平时关闭，起屏蔽、遮挡内宅的作用，故又名"屏门"。如果进出人多或有贵宾来访，便打开或摘掉屏门。

4. 格子门

宋代出现了下实上空的格子门，这样就解决了门的采光问题。这种格子门应该说是"拿来"窗的功能，达到门窗功能的合二而一，至今仍在广泛应用。

板门没有通透感，格子门下方是木板，上半截做成格子形状。现代人看到这些似乎不以为然，其实这真是一个很大的进步。20世纪70年代，笔者在天津市大港区农村插队，那时各家都有一明两暗的堂屋门，都是木门板做的，每到做饭时，即使在冬天也要打开门，否则光线很暗，同时也是为了排掉烧柴草做饭而产生的烟雾。20世纪70年代末，各家才逐步改变为"格子门"。

格子门一般为单扇（也有是双扇的），宽度和高度与两扇的板门基本相同，这样开启、关闭门都很方便。

北京故宫宁寿宫中的屏门

北京天坛内的格子门

这是一种简易的门，开在院墙上，供太监、杂役进出，与民居所用格子门形制相仿。

明代隔扇门
　　现安装在安家大院后院东、西小跨院之间。

5. 隔扇门

中国瓦房是由梁柱支撑而成，在房屋的前脸，为了采光，更为了视觉的延伸，在两个柱子之间不是砌砖垒墙，而是安装六或八扇隔扇门，中间的两扇可以自由开启，作为出入通道的门。南方建筑上的隔扇墙，有的隔扇可以全部摘下，房屋变成可贯通的通道。把房屋的前脸全部装上隔扇是中国建筑的一大特色。像宫殿、庙宇及庭园建筑，这样的木结构配置被称之为"一道美丽的木墙"。而这道"木墙"为民间艺人提供了展示才艺的巨大空间。这类"木墙"装隔扇必须成为双数，如四、六、八、十和十二扇等，这充分体现了中国建筑的可对称性，因为双数可以找到双扇门的一个中心位置。再有就是建筑中的"偶数排列"，能给人以均衡中正之感。

隔扇门属于外檐木装修，有两种安装方式：

安装在建筑檐柱之间的隔扇，其外侧没有走廊，术语叫"檐里安装"。

金里安装的隔扇门

照片为北京颐和园仁寿殿。这种安装在金柱(第二排柱子)之间的隔扇门，代表了宫廷、王府建筑的做法。民间豪宅也如是仿制，只不过建筑没有如此高大的气势。

檐里安装的木隔扇门

　　安装在建筑檐柱之间的隔扇,其外侧没有走廊,术语叫"檐里安装"。从建筑等级来说,檐里安装次于金里安装。

　　安装在建筑物金柱(第二排柱子)之间的隔扇,其外侧有走廊,叫"金里安装"。在其上方还要安装横披窗,是一种固定不开启的扁窗。

　　从结构上看,单扇隔扇门可分为外框、隔扇心(棂条花心)、裙摆、绦环板等部位,上段为棂条花心部分,下段为裙板绦环部分,上、下两段以中绦环板的上抹头上皮为界,以上占六份,以下占四份,叫"四六分隔扇"。

　　隔扇门一开始为两扇,和板门的两扇形制相同,后来发展为四扇拼装,最外侧的两扇为固定式安装,中间两扇是活动的,可以开闭,在全本的《金瓶梅》插图中可见到这样的形式。

多扇隔扇的排列增加了房屋的采光面积，此种形制沿袭了很久。如山西沁水县的西文兴村，有一前后两重院落的"司马第"，其院落的正房皆三间，正中为明间，前脸安装四扇隔扇门，中间两扇为活动的。

南方园林中的隔扇门通常较轻薄，而且漏空较多，还有做成落地明造的长窗形式，即隔扇全用隔心，不用裙板。大片的空心窗格花纹产生极富变化的韵律感，加强了房屋的艺术魅力，使园林意境浓郁。

民国时期的屋门

两种不同风格的民国隔扇门，安装在安家大院后院的正房和西厢房上，供人们参观。

二、中国古典窗

窗户可分成两大类，一类为死扇窗，一类为活扇窗。再有就是用于装饰的空窗、漏窗、哑窗等。

从历史考据看，死扇窗出现得较早，主要是为房屋采光和透风。从汉代出土的陶屋陶楼中，窗户都是死窗户，其墙体的开窗处装饰有直棂、斜方格、正方格等式样的死窗扇。但这并不意味着此时没有活窗扇的窗户。活窗扇至迟从秦代或更早的战国时代已经出现。从陕西咸阳"秦宫殿一号遗址"中发掘出来的铜质合页，据考证是用在窗户上的，可以证明那时已有活扇窗了，只是在民间尚不普及而已。另外，秦始皇陵出土的铜车马的车上装的是活扇推拉窗，此窗通体用一块铜版铸成，花纹细密透空，自内推拉自如，这应是目前所见最早的活扇窗。

从现存的实物所见，南北朝、隋、唐时期房屋的窗户多为死扇的直棂窗。大约从宋代初期，隔扇门窗出现以后，至元代死窗扇已不多见。

窗户从无到有，从死窗扇到活窗扇，再由活窗扇到具有装饰性的多功能的窗户，经历了约两三千年的历程，尤其是在明清时期，建筑工艺水平提高，民间窗格的式样日趋新颖，地域广博的华夏民族在窗户的工艺性上形成东西南北不同的风格，从而使窗户家族日渐强大。

在活窗扇中，其开启方式有平开式窗、支摘窗、横式旋窗、立式转窗、推拉窗；在死窗扇中，有固定窗、天窗、漏窗、空窗、什锦窗等。下面简要介绍之。

1. 支摘窗（和合窗）

支摘窗是活扇窗户的一种。北方称之为支摘窗，南方有一好听的名字称之为和合窗。为增加采光，窗户常常设为三排，上下窗均固定，仅中窗可开启。由于中窗上侧与上窗的下侧是由合页连接的，开窗时，向外推开中窗，再用摘钩一头顶住中窗下侧，一头顶在下窗上侧作为支撑。后世这类窗户的窗棂雕刻精细，图案纹样很多，是中国古典建筑不可或缺的建筑构件之一。

北京四合院的格窗上下两排，下排安玻璃，上一排为窗棂式，用纸糊，这一排可以开启，方法同上，以便于屋内通风。

典型的北方四合院的窗

　　典型的北方四合院的窗分上下两排,上排窗户是可以支起通风的支摘窗,下排为不能开启的死窗。支摘窗上安装大块玻璃,故格心大部分空出,以增加室内采光。

退思园中的支摘窗

2. 漏窗（花窗）

又称花窗，用以装饰墙面。我国古典住宅中有许多高大的墙面，封闭性较强，这些墙面使建筑显得很单调。为改变这种单调，工匠们通常将砖瓦磨制后镶嵌在墙面上，或在墙体上做成局部透空的窗户，又可在透空处装饰各种不同的玲珑剔透的纹样。这种漏窗是明代中叶造园家们创造出来的，在当时出版的造园理论和技术著作《园冶》中列举了16种精巧细致的漏窗样式。后来，这种漏窗发展很快，仅苏州园林中的漏窗样式就有一千多种，有方、圆、六角、八角、扇形、菱形、花形、叶形等。窗内的花纹和隔扇一样，大量采用寓意吉祥的纹样，如连钱、叠锭、鱼鳞、宫式、夔式、竹节、菱花、海棠等。这种漏窗在江浙一带尤为盛行。

苏州园林中的漏窗

苏州园林漏窗
　　图中四个漏窗使墙体局部通透,又设计成各自不同的纹饰,走在那里一定很惬意吧。

3. 什锦窗

　　中国古典园林特有的装饰手法,墙面上连续布置各种不同形状的窗洞,有圆、方、六角、八角、扇形、宝瓶、桃形和石榴形等。窗心一般是空的。北方园林因气候寒冷,墙面上开什锦窗,常在两面装上玻璃,中间装灯,白天可以采光,晚上可以照明,与漏窗的功效基本相同。

北京颐和园什锦窗

4. 空窗（月洞、窗洞）

空窗是在墙面上开挖的
不装窗扇的窗孔，其用途主
要是装饰点缀园景、组织风
景画面，作框景、借景、漏
景用。由于空窗不像洞门，
没有出入的通道功能，因而
比洞门更为丰富多样。所用
形式视建筑和环境特点而
定，像轩馆亭榭多用方形、
横长、直长等式样，简洁质
朴；廊上多作连续排列，一
般体形不宜大，式样也各不
相同，避免了单调重复。空
窗的高度一般与人的视线平
行，便于向空窗外眺望，把
窗外的景致借过来，正所谓
"空窗不空"。

留园的空窗

5. 天窗

天窗是设在屋顶上用来采光或通风的窗。汉代王延寿《鲁灵光殿赋》中就提
到天窗。唐代诗人李商隐有诗："猿声连月槛，鸟形落天窗。"宋代范成大《睡
觉》诗云："寻思断梦半瞢腾，渐见天窗纸瓦明。"由于我国古代没有大面积透
光又不漏雨的建筑用玻璃，天窗也是一种有屋顶的高窗。南方民居建筑为解决室
内采光问题，一般设置天井。

6. 哑窗

前面所讲的窗都是透窗，是透空的，与外界相通的，哑窗则是在墙面上做一

窗的装饰，后面是墙。哑窗没有采光透风的功用，完全是为了破除整个墙面的呆板。天津老城厢徐家大院（修复后辟为天津市老城博物馆）为三进院，第二进院子没有南房，面对北房的是一面砖墙，为破其呆板，特在这面墙上装了两个"哑窗"，从窗扇到格心都为砖雕，既古朴又美观。此外在一些大的寺庙建筑中，也时而能看到这样的哑窗，看似通透开放，其实封闭极严。

安家大院前院东墙上的哑窗

7. 隔扇窗（槛窗）

所谓隔扇窗是隔扇的一种"矮化"。我们知道，隔扇是直接安装在房屋的两根外檐柱之间，既可采光通风，又可以（中间两扇）开启的木构建。在这隔扇两旁的外檐柱和角柱之间安装隔扇窗，下半段砌墙，名为槛墙，槛墙上安设隔扇，称为隔扇窗或槛窗。这种用作窗户门的隔扇，只保留隔扇门的上段格心与绦环板部分，也是以左右相连的方式排列在柱间。这种隔扇窗的好处是开启灵活，形制与木隔扇门相同，使建筑物的前脸具有规整划一的装饰风格，

从明清时期建筑的总体看，隔扇窗的使用多见于宫殿、寺庙、陵墓、地上殿堂、园林厅堂（多见于南方）。这种"矮化"的隔扇显示建筑的气派，与隔扇门一道，使建筑正面的"木墙"更具气势。

宫廷建筑上的隔扇窗

楠木隔扇窗

　　北京北海公园内的天王殿,是清代皇家佛寺,其正殿系楠木建筑。

环秀山庄的隔扇窗

三、中国古典木隔断

正如前文所述，隔扇是门窗的第二代，也就是说，门窗"相交"之后产生了隔扇。首先从隔扇的形状看，它的高度是门的高度，它的宽度又不及门的宽度；窗户是全功能的通透，而隔扇仅是上半截的通透。

隔扇是把门的开启功能、出入功能统统拿来，又把窗的开启功能、通透功能统统拿来。在此基础上添加进独特的需要。如云南一些古镇，临街的隔扇上下皆为木板，白天摘下，晚上装上，这是出于安全的需要。在一些园林中，整个隔扇做成通透形，俗称落地明造，为的是增加室内的采光。

隔扇在多年的发展中衍生出了众多的功能，其最大的功能是切割空间，起到"隔墙"的功用。

隔扇不同于实墙，按功用分有：透空式隔断、移动式隔断、屏风式隔断、帷幕式隔断，由此形成不同的虚拟空间，给人以似隔非隔、似断非断的效果，这是中国木结构建筑装修的一大发明。

室内木隔断有隔断、屏风、隔扇、罩等种类，是内檐内装修的一个大类别，安装在室内柱间，用来分隔空间。因所用木材高档，在制作上又采用木

民国时期豪华的落地明造隔扇

安家大院前院北房前脸安装了两种隔扇，风格相似，但格心图案不同。

落地罩

安家大院后院书房,北房三间用两组落地罩分开,通透明亮,书房布置成民国时期风格。

雕、书法、绘画等各种艺术手段,故而有很强的装饰功能,是室内重要的装饰性陈设。

1. 木隔断

木隔断是一种用来分割室内空间的木板墙,南方屋内房间一般采用木隔断,做法也很多。如强调私密性,一般是在柱间装好槛框,然后在槛框之间装薄木板。如强调通透性,也有在下部装木板为槛墙,上部安装内檐窗的;也有安隔扇的,做法不确定,没有一定之规。

安徽黄山市宏村民居院内的木隔断

2. 木隔扇

这里介绍的是室内用木隔扇，安装在屋内前后金柱之间，视房间大小，以6扇至10扇为一樘安装，虽然各扇都可打开，但一般都销住，只留二扇作为进出之门，并配有门帘架。室内用木隔扇的结构和外檐用木隔扇相同，都由外框、隔扇心、裙摆、绦环板等组成，但用材和做工更加精致，有实心和花棂格两种。有些大屋为了分隔成小房间使用，会采用实心隔扇；有的是为了使大屋不空旷，会采用花棂格隔扇。

木隔扇

安家大院前院东厢房为三开间,用二组木隔扇隔开。

尽显华贵之气的木隔扇(1)

　　安家大院前院南房(倒座)开间内均用木隔扇分隔,因是展示,故每个开间的木隔扇都不相同。这些木隔扇的格子纹样虽不相同,但都是出自清末民初,加之室内陈设的家具都是民国时期的,所以室内的装饰氛围是和谐统一的。

尽显华贵之气的木隔扇(2)

　　安家大院前院南房(倒座)开间内均用木隔扇分隔,在任何一房间中都可感受到木隔扇营造的华贵之气。

3. 太师壁

太师壁是安装在明堂后檐金柱之间的木壁面装修，南方民居厅堂内都有。由于连一般农村的堂屋中均有，可知是南方厅堂内必有的结构，只有装修方式和豪华程度不同。

太师壁从地面开始，高至屋梁，左右两侧留有空间供人通行，将厅堂室内前后的空间隔开，也起厅堂屏风的作用。壁面有多种形制，有的以精美的雕刻装饰为主，或用若干扇隔扇组合而成，或用棂条槛窗形式，或下面板壁、上面是槛窗的形式，也有做成板壁在上面刻字挂画的。太师壁上面贴有中堂画和对联，横披正中悬挂匾额。太师壁前放置条几案等家具及各种陈设。

太师壁

安徽黄山宏村承志堂，是清末大盐商汪定贵的住宅，建于清咸丰五年(1855年)，为木结构建筑，保存完整，全宅有9个天井，大小房间60间。照片所示为前厅，是整幢房子中最精华的部分，正中木构件就是太师壁。

4. 壁纱橱

中国古建内檐木装修的一种形式，与隔扇形制相仿，也由槛框、横披、隔扇等部分组成，安装在室内进深的柱间。

每樘碧纱橱视房间的大小，由六扇至十二扇隔扇组成，其中只有两扇是活动扇，作为进出口。开启的两扇隔扇，其外侧还附以帘架，其上挂帘(棉帘或竹帘、纱帘)，起保温、通风、遮挡视线的作用。

壁纱橱上有精细的雕刻，上层的仔屉内有各种形式的棂条花纹。仔屉采用夹堂做法，屉分为二层，中间夹入纱或玻璃，上面绘有草虫花卉、人物故事，或题有诗词格言，与书画等艺术形式融为一体，极为精美，具有很高的观赏价值。

由于壁纱橱属内檐装修，只起分割室内空间、装饰室内空间的作用，不用考虑防卫的问题，故用料、做工都十分精细。

壁纱橱又有人写作"碧纱橱"。

5. 落地明造隔扇

随着人们采光意识的增强，又出现了一种新的隔扇，即落地明造。我们知道普通隔扇由格心和裙板、绦环板组成，格心用花纹形成通透，裙板、绦环板则是对下部的封

五抹隔扇门

此扇隔扇为五抹隔扇门，上下为席纹，中间为万字纹，裙板为冰裂纹，上方的格心部分中间留出镜心，用步步锦加拐子纹万字构成图案，独具匠心。

落地明造隔扇

　　安家大院前院正房全部安装落地明造隔扇,有豪华的气势,又增加了建筑的通透感。从清代晚期以来,这种没有绦心板、裙板的隔扇在天津逐渐多了起来。

闭,两部分长度一般为六比四,即通透部分占隔扇整体高度的百分之六十。为了增加通透感,改善室内外的视觉融通,把格心一通到底,去掉了裙板,仅保留绦环板,这样上下通透的隔扇被称之为"落地明造",这类隔扇在民国时期大量出现。

6. 罩

　　罩是内檐木装修中的大类,专指安装在横梁下的一种类似隔扇,用以分隔室内开间的木雕装饰。罩,悬挂在室内柱间的高处,可以看成是隔扇的一种特殊形式。常见的有几腿罩、落地罩、栏杆罩、炕罩、圆光罩、八角罩、飞罩等式样。各种罩都有用硬木或楠木制作的高档品,雕工、纹样极好。

　　(1)栏杆罩

　　栏杆罩由槛框、横披、花罩、栏杆几部分组成,安装在前、后檐金柱之间的槛框之内。一组栏杆罩有四根框落地,两根抱框,两根立框,划分出中间为主,両边为次且对称的三开间形式。中部形式同几腿罩，两边的空间下安栏杆，故名栏杆罩。这种罩多用于进深较大的房间，整个罩子分为三樘制作，可以避免因跨度较大而产生的问题。

（2）落地罩

落地罩指罩两侧的隔扇与地面相接，中间留有行走门洞。门洞内可以悬挂软帘，用以划分室内空间。落地罩有圆光罩、六角罩、八角罩等式，都是以安装在室内进深柱间行走门洞的样式来命名的：中间留出圆形门洞的，为圆光罩；中间留出六方门洞的，为六方罩；中间留出八角形门洞的，为八角罩。

（3）几腿罩

几腿罩由槛框、横披、花罩或花牙子几部分组成。安装在前、后檐金柱之间的槛框之内。特点是整组罩仅有两根腿子，腿子与上槛、挂空槛组成几案式框架。两根抱框恰似几腿，横批横贯在两抱框之间。横批下面或安花罩，或安花牙子都可以。适用于进深不大的房间。

（4）炕罩

炕罩也叫炕面罩，是安装在火炕前的一种木装修，不仅美化室内，同时又可

几腿罩

几腿罩的腿很短，与金柱在半空中相交，下部无物，故室内显得更为宽敞。此几腿罩安装在安家大院正房西侧间，以团寿字盘长图案为主纹。

挂上布帘，形成一个相对封闭、具有私密性的空间。如室内顶棚过高时，炕罩上还可加上顶盖，在四周做出毗卢帽、如意头等装饰。

与此相仿的还有床罩，是装在床榻前面的罩，形制与一般落地罩相同，内侧可悬挂幔帐软帘。

（5）飞罩

悬装于屋内柱间梁下的木装修，与落地罩不同之处在于两个竖排列部分较落地罩短许多，根本不接地面，是悬在梁枋下的一个"罩"，但又不同于楣子，飞罩的接柱部分会有一些雕花装饰。

飞罩

这是大门洞上的飘罩，上面复杂的图案盘根错节却一丝不乱。

40

飞罩

为了透光效果良好，一般门洞上方的飘罩大都采用漏雕图案。

7. 挂落(楣子)

中国建筑装饰可以说无处不在，若说隔扇是立柱间的竖形装饰，那么楣子是悬装在廊柱间檐枋下的装饰，应属于横向装饰。南方称楣子，北方叫挂落，从这个"挂"字可以看出是挂在上空的木制花格。挂落既不糊纸又不装玻璃，完全透空，格心大都采用疏朗通透性强的纹样，主要有套方、万川、寿字等。

挂落大都安装在室外的前廊或后厦中使用，之所以采用疏朗通透性强的格子纹，一是为了不遮挡室内的光线，再者可减少重量，易于悬挂，偶有残损，落下也不会伤人毁物。挂落的上口和两个边框都有榫头固定于柱上。边框两侧下端常有雕成如意纹等透雕牙子，用榫和竹插销连于边框上，起加固和装饰作用。

8. 栏杆

上文说过，挂落是建筑上方的装饰，那么栏杆则是建筑下方的装饰了。栏杆的竖木为栏，横木为杆，为防护而设，多用于临水建筑、楼阁、廊等处，装于两柱之间或窗下以代替半墙。栏杆有高低两种，其中廊间栏杆又称半栏，较低。其上的平面宽一些的，人可以坐在上面，像长凳，称为坐凳栏杆。

在花园或临风的台榭楼阁的栏杆上常装有长长的"椅背"，这种靠背椅式栏杆，又名"吴王靠"、"美人靠"或"鹅颈靠"，是因为靠背做成弯曲形似鹅颈而得名，其余部分与一般坐凳栏杆相仿。靠背边框两端开榫与坐板相连，用铁钩与柱子连接，靠背上也可做成各式花形，看着美观坐着也舒适，而且很安全，可以视为中国建筑中的低视觉美。

较高的栏杆是楼间通道的重要装修，

坐凳栏杆
　坐凳是将其上部横木加宽，像一条长凳子，人可以随时坐在上面小憩。此照片摄于民国时期北京东四蛰园雪楼前。

中国画学研究会会员在北京中心公园的合影

　　1920年王世襄的大舅金城与周肇祥等人发起创办中国画学研究会，这是会员在北京中心公园的合影。会员头上方即为"挂落"，也叫楣子。

雕花栏杆

　　安家大院前院正房有一地下钱库，在钱库入口处修有一雕花栏杆，材质雕工甚佳，与室内环境谐调。瓶花近似圆雕，立柱为车旋。

是人们行走或凭栏而眺的必要建筑配饰。栏杆心子以步步锦或云纹等花式连接为图案，称作花式栏杆。

晚清和民国以后，由于欧式的旋木瓶式栏杆传入，许多中式建筑也采用这种栏杆，增加了洋味，俗称"西洋瓶式栏杆"，加上楼房增多，楼层间要有楼梯，楼梯一定要有扶手拦杆，故这种栏杆也大行其道了。

寄畅园屋前临水的木栏杆

环秀山庄屋前檐下的木栏杆

北方门窗隔扇 收藏与鉴赏

楣子与坐凳栏杆

　　此为北京白海公园内的楣子与坐凳栏杆。明清时期,宫廷建筑和民间的豪门大宅中都有楣子与坐凳栏杆。

扬州个园亭子中的美人靠

第三章 天津老城建筑的变迁

一、天津老城的四合院

天津老城成片的四合院建筑是在清代出现的。清军入关，经过顺治朝的稳定和康熙朝的发展，天津卫的城市地位更加重要。

雍正二年（1724年）天津卫升为天津州，此后大事修茸天津城墙，全部改为砖砌，由此带动了建筑业的全面发展。城墙的方方正正让城内规划井然，一些官宦、粮商、盐商、海户等富豪，在城内用砖瓦盖起永久性住宅，出现了成群成片的四合院建筑。这些由高台阶、虎座门楼、宽门道、大天井、过厅、厢房、正房和高墙组成的建筑单体，成为城内的标志，在这些深宅大院里，一代人一代人地生活着，一些建筑也在时风的渲染下改变着。

清中叶，天津的商业进一步发展，由于海运、盐务的升温，出现许多富商大贾，他们生活奢侈、宅邸豪华，被人称之为"大家"，而每一时期都有排名，类似现在的福布斯富豪排行榜。天津"八大家"指当时最有钱的八个家族，如天成号韩家、土城刘家、正兴德穆家、长源杨家等等。根据这些家族的升沉隐显，排名变动很大，但有一点没有变化，就是这些人在天津旧城东、北门里、鼓楼等一带营建了许多深宅大院，如天成韩家的私宅百余间，还有仓库和私家码头等。

这些建筑皆是木架构系统的四合院，在方形院墙的正面开有大门，并设高台阶，全部住宅依照最好的朝向——南北纵轴线对称布局。大门居中的住宅，门道内则设四扇屏门，旁另有侧门（有框无门）。遇有喜丧大事或迎接贵宾，方打开四扇屏门，以示庄重。院内北房为上，木架构较大，房屋装饰富丽，供长者用住。两侧厢房则是儿女的居室。

在天津老城有许多多重院落，都是从前院进入后院，一

天津老城四合院

天津老城四合院内的屏门

　　这是一般民居中的屏门，人们通常走两侧无门的通道进入院内。屏门常闭，每当有大事或贵客来时才开启。豪宅中的屏门要豪华得多，安装在垂花门的后部，两侧的通道与抄手廊相接。

游廊的挂罩与住房门窗相映成景

般在纵轴线上设垂花门（即二门）或过厅。过厅的装饰雕刻华美，布置有硬木螺钿家具、古玩字画和瓷器，作为待客之客厅，既免外人深入内宅，又有效利用过厅这一地方。像这样人家，外院是账房、家塾或其他用房，内院是整个住宅的核心。杂房、厨房及仓房多附设在小跨院内，有的另设门道出入。

民国风格的卧室

　　安家大院后西小院北房三间,用两组落地罩分开,通透明亮,东边一间,辟为卧室,布置成民国时期风格。民国时期卧室不再强调私密性,落地罩采用菱形格子、海棠十字花格子,风格古朴简约。床、梳妆台、柜橱都是洋味十足的民国时期家具。

　　1901年,天津被迫拆毁了城墙,由此失去了与租界地建筑的一个"屏障",人们开始接受西洋建筑,比较典型的是八大家之一的"益德王",在老城北门内新建住宅,没采用原来传统"虎座门楼",将大门用磨砖对缝的中式建筑手法,砌成英国中世纪大圆拱式门楼,轰动一时。

　　1902年,袁世凯接任直隶总督,为与外国租界抗衡而"推行新政",形成旧城以外的新市区和住宅区,被称之为"华界新区"。这一地区成为天津行政中心区域,其建筑已改变了老城的传统模样,但又不同于洋租界。在这个大背景下,天津的门窗隔扇也走进一个"新时代",上演了一出中西合璧的"文明戏"。

　　民国时期的天津,隔扇的装饰性和实用性有了很大的进步,很大程度上是为了突出院落的大气、静谧、华丽,同时为了彰显家具的高雅、舒适等。

民国时期的天津隔扇

　　安家大院收藏了许多民国时期的天津隔扇，其中有一部分安装在大院的房屋里。照片所示，是后院东小院的东厢房，前脸安装一排民国时期的天津隔扇。这些百年前的门窗隔扇，风格简练，尺度与传统隔扇不同，是接受洋化的结果。

　　此时的家具已出现洋化倾向，海派家具的洋味、租界洋家具的时兴，使得家具的设置发生变化。比如说中国家具都是有腿儿的，而东洋日本家具没有腿，是用实木边框直接接触地。一些卧室、闺房家具开始由私密性强走向半私密，那些封闭性强、透光差的隔扇，逐渐被大玻璃的格心隔扇取代。过去要在格心上裱糊纸、纱，这时已被玻璃、磨花玻璃、彩色玻璃所取代。这种形式简约的隔扇和有洋味的家具置放一处，显得时尚新潮。

　　民国时期，用于天津民居室内装修的木隔扇，也因时代进步而发生明显变化，首先炕面罩在天津几乎消失殆尽。原因是，作为大都市中的大宅院不再采用北方民宅正房一明两暗、外屋垒灶、内屋是炕的传统格局，普遍使用洋床。因此，专为装饰炕前的炕罩，便没有了用武之地。

　　天津使用南方架子床、拔步床的家庭不多，多数家庭使用洋床，即"片子床"，由两个床帮加床杠、床屉。这样的陈设使卧室发生变化，洋房、洋窗、洋门外加洋床，这样似乎更配套。前年曾在旧物市场上看到一张铜质片床，很华丽。卖主说此床出自小德张的庆王府，真假暂且不论，到过庆王府的人都会发现，其进大门的过厅是雕花的大门，其花饰和形制是隔扇和落地罩的变种，不失东方色彩，但又绝不同于明清以来的隔扇，若将那只铜床放在其中颇为谐调，这

民国风格的扶手椅

　　安家大院前院倒座中的一间,在隔扇前摆上一对扶手椅和一张茶几,用于待客或休息。扶手椅也是西洋式,至今都只不落伍,而且与棕红色隔扇的十分谐调。

就是民国时期天津的隔扇和落地罩,它自身的洋味与洋房十分契合。

　　20世纪初,天津和上海是一南一北互为呼应的城市,在天津聚集着全国重量级的政客、军阀、巨商和名媛,这些人在天津造豪宅,斗奢比富,别出心裁。他们营造豪宅的奢华程度不是现在人所能想象的。天津的隔扇用材有紫檀、红木、花梨、金丝楠木、桂木、黄杨、柏木及柚木等,装饰手法除雕镂之外,还有镶螺钿、嵌金银丝的。比如天津大理道66号的别墅是实业家孙震方的故居,室内全为硬木装饰;像庆王府,其屋内的家具都是按房间大小、用途专门量身打造的,其风格之时尚,用料之考究,与周边门窗的谐调程度,绝非我们今天所能臆想的。

　　在山西,那略显古朴笨拙的隔扇与本地柴木家具放在一起,有着浓烈的乡土气息;苏州的留园,前厅雕梁画栋,后厅朴素简雅,中间有银杏木精雕的月宫门、屏风分格,俗称鸳鸯厅,再配之红木的苏式家具,有着江南才子之乡的文气;而天津的隔扇,吸取了西欧海派的洋气,从而形成20世纪初叶独有的时尚。

　　隔扇在天津不为四合院所独有,许多洋楼内也有隔扇、落地罩等,形成了东西合璧的格局。这样的建筑在上海也有,像上海延安中路附近的一座花园住宅,

与隔扇谐调统一的民国家具

　　安家大院前院倒座西侧一间,这里有民国时期流行的梳妆台、三开门带穿衣镜立柜,与回文隔扇十分谐调。

与隔扇谐调统一的民国方桌和靠背椅

　　安家大院前院倒座中一间,这里配上民国方桌和四把靠背椅,既是餐桌,又可作为牌桌,是民国时期典型的新潮家具。

与隔扇谐调统一的民国沙发

此为安家大院中的一间,摆上民国时期开始流行的沙发和茶几,反映出当年天津民居的特色。

建筑是三层楼的花园住房,但在过道的墙面都使用了格心很简单的隔扇,而走道上的门与隔扇的风格近似,其配置的地板更是上下呼应。在天津的老估衣街,那里的隔扇和楣子都是很简单的风格,有的甚至在格心处只是一块光光的玻璃,任何花式都没有。在最大的绸缎庄谦祥益的后院,就是方格装玻璃的门窗,唯一的装饰是檐下的楣子,里面是一变形的古寿字,乍看颇有西洋之风。

　　建筑是艺术,一件成功的艺术品是千百年来发展的结果。在发展的过程中,不断有新的、时尚的内容填补进来,这是时代进步使然。建筑的主体、门窗隔扇、室内的家具,他们之间必然是浑然一体共同发展的,在天津充满洋味的建筑影响下,隔扇必然随之变化,这些变化是不知不觉的,也是不可抗拒的。

二、天津小洋楼改变了北方城市的风貌

著名文化学者冯骥才先生说过这样的一段话：

> 一百年来，天津有两个截然不同的"文化入口"。一个是传统入口——从三岔口下船，举足就迈入了北方平原那种彼此大同小异的老城文化里；另一个是近代入口——由老龙头车站下车，一过万国桥，满眼外国建筑，突兀奇异，恍如异国，这便是天津最具特色、最夺目的文化风光了。

这里所指的，正是毛主席曾说过的，北京四合院，天津小洋楼。天津小洋楼确是天津最具特点且夺目的风景了。

一座城市有两种截然不同的建筑模式，这是列强入侵瓜分中国后，诸多沿海城市出现的"奇特"现象。然而，任何城市，包括上海也没有像天津这样华洋分明，中西建筑各行其是。正因为天津的这种特异甚至怪异，影响了中国北方城市的审美。如北京前门大栅栏的一些建筑，如谦祥益、瑞蚨祥的建筑，就是克隆了天津估衣街上这两家店铺。不能不说，建筑本身就是一种无言的文化辐射，其开启的门窗隔扇吞吐着我们的审美，交流着相互的优长。

天津是一座古城。明代永乐二年，明成祖朱棣为纪念"靖难之役"，在十一月二十一日（1404年12月23日）将此地改名为天津，即天子经过的渡口之意。作为军事要地，在三岔河口西南的小直沽一带开始筑城设卫，称天津卫，揭开了天津建城史上重要的一页。明成祖朱棣迁都北京后，天津便成为京师的门户，又增设天津左卫和天津右卫。清顺治九年（1652年），天津卫、天津左卫和天津右卫三卫合并为天津卫，设立民政、盐运、税收、军事等建置。清雍正三年（1725年）升天津卫为天津州。清雍正九年（1731年）升天津州为天津府，辖六县一州，分别是天津县、静海县、青县、南皮县、盐山县、庆云县、沧州。至18世纪中叶，天津已成为我国北方交通枢纽、经济重镇和拱卫京畿的战略要地。正因如此，欧洲列强虎视眈眈觊觎觑觎天津。英国于1793年、1816年曾两次派遣使节，直言要求清政府开放天津，但均被闭关锁国的大清朝拒绝。

1854年，英国通过鸦片战争已然敲开了中国大门之后，又一次提出要开放天津作为通商口岸，当时的咸丰皇帝断然斥责道：

> 京师为辇毂重地，天津与畿辅毗连，该酋欲派夷人驻扎贸易，尤为狂妄。

从咸丰皇帝强硬的口气中可窥探其对洋人通商贸易的反感与排斥。但那毕竟是一个武力加狂妄的年代，1856年英国伙同法国出兵发动了第二次鸦片战争。1860年英法联军自大沽口登陆，血洗天津城，火烧圆明园，清政府被迫先后签订了《天津条约》、《北京条约》，其中有一条款即是开天津为商埠。同年，英、法、美在天津圈地951亩，辟为租界；至1900年八国联军入侵之后，形成了英、法、美、德、日、俄、意、奥、比九国都有租界的局面，总面积在疯狂地扩大，达到23350.5亩，相当于当时已建成的天津城区的3.47倍、旧城厢的9.98倍。

租界选址大都在天津城南荒郊，海河西岸。这一带地势低洼，人烟稀少。英法租界先在这里建房，陆陆续续出现一幢幢、一片片欧洲风格的小洋楼，更有公建如洋行、银行、饭店、教堂相继而起。研究中国的西方学者早就注意到这么一种现象，中国的城市只在很少的几个方面有别于农村，19世纪初，拥有3000以上人口的1400个城市中，至少有80%是县衙所在地，而人数超过1万的城市中，大约有一半是府或省治所在地，一般建有方方正正的城墙。而租界地以一种新的城市模式出现，没有城墙城门，没有钟楼鼓楼，一位叫张焘的文人，在光绪十年（1884年）出版的《津门杂记》中这样描绘亲他眼所见的租界：

> 英国租界，东以河为至，西以海大道为至。街道宽平，洋房齐整，路旁树木葱郁成林。行人蚁集蜂屯，货物如山堆垒，车驴轿马，彻夜不休。电线联成蛛网，路灯列若繁星。制甚得法，清雅可观，亦俨如一小沪渎焉。

一座现代城市俨然成形，天津的命运与南方的上海如出一辙，上海开埠仅比天津早14年，1846年英国人占据外滩一块土地建起英租界，几十年后，上海"孤家荒郊，尽变繁华之地；层楼高阁，大开歌舞之场"。上海和天津，不仅洋楼林立，其他设施玩器也蜂拥而入，什么江海关、赛马场、博物馆、礼拜堂、招商局、报馆、工部局、巡捕房、洋火轮、八音盒、显微镜、自鸣钟、有轨电车、电灯、电话、铁路、马路、下水道、西餐、舞会、油画、律师，许多见所未见、闻所未闻的新鲜事物纷至沓来。此时有人欢喜有人忧，清末爱国人士刘光第诗云："快心终是伤心地，懒做繁华梦一场。"而康有为目睹这一切，慨叹"上海之繁盛，益知西人治之有本"。

租界是强制性的侵略，洋建筑是文化的强加，进而是本土文化与之渐渐地悄然融合。毕竟在当时，西方文化和理念是先进的前卫的，很快被国人欣赏、仿效和改造。1902年，直隶总督兼北洋大臣袁世凯从八国联军的全面军事管制的都统衙门手中把天津接管过来，借鉴了都统衙门对城市管理的机构设置与制度，设立了工程局、商务局、卫生局等市政机关。袁世凯在津执政期间，开辟了新市区，把海河以北地区作为新区的规划区，从行政体制到城市基础设施到建筑格局，完全照搬了西方模式。如他在京山铁路老龙头车站上方另建总站，以沟通省城至京城的交通；在总站到直隶总督衙门之间，开辟一条主干线作为轴线，要求马路设计宽度超过当时天津各租界内最宽的马路，以此彰显国人自信。这条主干线是以现代规划理念修建的，在近代中国堪称第一。

袁世凯还在天津组建了一批北洋新政的新事物，像户部造币厂、北洋女师范学堂（邓颖超、许广平在此就读）、种植园等，都是西式建筑，在一般人眼中"惊为未曾有焉"。

租界为国人打开了窥视外面世界的一扇窗，冲击了原有的城市形态，加速了建筑、门窗、家具和服饰等一切关乎时尚方方面面的变革。天津的老城是以平房为主的四合院组成，而租界是以楼房形式组成，但毕竟是在中华民族的土地上，难免你中有我，我中有你，像在洋楼林立的英租界里，就有丁懋英女医院那样体现中国传统精神的建筑，它是由中国工程师阎子亨设计。而在天津四合院鳞次栉比的老城厢里的袜子胡同，就有"刘家洋楼"，一所华美的西式二层小楼。

九国租界将多国建筑结构和不同建筑风格移到中国北方天津这座城市中，如哥特式、巴洛克式、罗曼式、洛可可式、西欧田园式、文艺复兴式、折中主

直隶咨议局

袁世凯主政时期的直隶咨议局为西式建筑，由此可见当时的开放思想。

义、摩登主义等。凡建筑都要有门和窗，都要进行室内装修，这些提高建筑美的需求，要靠先进的建筑技术与建筑材料才能实现，因此天津的建筑业得到飞速发展，也造就了一批批新型的工程技术人员与工匠，同时也促使天津本地建筑和门窗隔扇发生变化，并影响着周边其他城市，成为这些城市模仿的对象。

天津在20世纪初叶，已成为中国第二大城市，北方最大的工商业城市。它距北京这个政治文化中心咫尺之近，其建立的租界成为独立的国际性洋人社区。租界的行政权、司法权、税收权都超越中国政府的统辖与法律之外，在政治风云瞬息万变的那个时候，天津租界成为政客、官僚、清代遗老遗少们最安全的避风港，于是租界已不单纯是洋人社区，更是达官贵人、大贾巨商、名流名媛的理想居所，据统计，在天津租界建寓所别墅的有民国总统、国务总理、总长，至于军阀政要，更是数不胜数。

天津租界是贵人富人之地，其建筑自然要极尽奢华，仅看建筑门窗、隔断、楼梯等，就可知道是花费重金修建而成的，建筑样式和建筑质量自然是最好的。时至今日，不仅魅力依旧，而且还因历史价值、文化价值、审美价值，更令人神往。

比照当时的北平。北平这个城市名称使用过两次。明洪武元年（1368年），朱元璋建大明王朝，定都南京，昔日的元大都易名为北平。至永乐元年（1403年）明成祖计划迁都北京，北平名称使用了35年。北平名称第二次使用是1928年至1949年，共21年。1928年6月20日，北京易名为北平，是北京一个特殊时期的暂用名，此时这个元、明、清三代都城只是一个特别市。

而此时天津的城市身份与北京城的命运截然相反，1928年6月，天津升格为特别市，1930年6月，改为南京国民政府行政院直辖的天津市，11月，因河北省省会由北平迁至天津，天津直辖市改为省辖市。 1935年6月，河北省省会迁往保定，天津又恢复为院辖市。

正是在京、津两座城市身份一升一降的过程中，天津成为了中国北方第一大工商业城市，中国的第二大城市。

城市间的影响从来就是就高不就低的，北京作为明清两朝的都城，其影响有强大的辐射力，如巍峨壮丽的宫阙是人们所向往的，金碧辉煌、雕梁画栋的王府则是高档民居模仿的对象。那时天津的一些园林建筑颇有王府风范，如天津的水西庄、李鸿章祠堂等，甚至天津的李氏祠堂就是将北京庄王府建筑整个拆迁改建到天津的。当时的天津从建筑到门窗，应是京畿的翻版，或曰"简版"。

从1911年推翻帝制，共和制建立后，加上1924年冯玉祥进京逼宫，北京的城布地位改变了，曾经横行几个世纪的狰狞凌厉的帝王之气消散了，昔日的王公贵族威风扫地、地位全无，有许多甚至连生计都无法维持。昔日气派高贵的王府宅第或变卖，或无力打理而处在荒废之中，特别是北京于1928年被降为特别市后，偌大的中国官场迁移南下，使北平城不再是强悍、威严、森然的政治、军事中心，紫禁城成为建筑空壳。一批清朝王府成为民国大学的新址，显示了城市机能和角色正在转换。郑王府典质给了中国大学，华北大学租用了礼王府，醇亲王府南府变为民国大学，九爷府为平大女子文理学院，协和医科大学的原址本是豫王府，燕京大学原是多尔衮的别墅"睿王园"，清华园是淳王奕誴的别墅花园，辅仁大学则是在庆王府花园的废墟上建成……

然而正是这一时期，天津得以长足发展，北平的庆王府花园已是一片废墟的时候，1925年，庆亲王载振率全家到天津居住，购买了太监小德张在英租界39号的一幢大楼（现天津市重庆道55号）。这是一座中西合璧式的建筑，外檐用中式青砖砌筑，楼房四周设有西洋列柱式回廊，大楼东面是小花园，有太湖石假山和中国传统式六角凉亭。载振在这座天津的庆王府里著有《英轺日记》，记述他作为庆贺英皇加冕典礼的专使，访问英、法、美等国的见闻。这座庆王府从某种程

天津庆王府

度上是京津两地兴衰的一个写照。

　　城市的实力在于它的经济政治文化的强势，这种强势与其辐射能力成正比，当时的天津已成为北京政治中心的后台，凡下野的、不得志的政客官僚军阀等，都在天津的私邸中伺机东山再起，这些带来了城市政治的喧嚣，经济的繁荣，从而形成城市的文化。城市文化自然会有时间的维度，这是由城市的人文传统和历史背景决定的。北京，多朝古都，其形成的文化影响全国；天津，因在近代成为九国列强租界地，在城市千建设方面具有先进性，被北方其他城市所效仿，这也是一种城市文明的发展。

　　由大城市反哺和带动周边中小城市，使大城市的文化、文明向四外播射。同时，以大城市为中心，与中小城市一起组成城市圈和城市带，从而吸引全部人口并将被城市理念所覆盖。有名言这样说道：

　　　农业革命使城市诞生于世界，工业革命则使城市主宰了世界。

　　就城市建筑而言，它的建筑样式，它的门窗形态，影响着家具、服饰的审美，从而影响着整个城市的"文化底色"，影响着市民的群体行为模式和生活方式。

　　天津租界地从1860年始建，一直到20世纪60年代，这里生活的人们，始终保持着诸多异于中国传统的生活方式，精神、气质、文化面貌，不能不说是小洋楼对这些有着坚定持久的影响。

宏伟的天津洋建筑
改变了北方城市的风貌，也改变了天津门窗隔扇的风格。

天津谦祥益

　　为民国时期的商业建筑,中西结合风格。

天津老商业街上的建筑

　　估衣街是天津一条有几百年历史的老商业街,这里的建筑很奇特,像谦祥益老店门脸、铁栅栏、大门洞、殿堂内雕梁画栋、透雕楣子,而隔扇门又异常简单,配上略带欧味的栏杆,风味很独特。、

北京大栅栏的瑞蚨祥、祥义号绸缎店
据说是按天津瑞蚨祥、祥义号绸缎店所建。

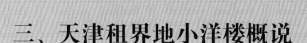

三、天津租界地小洋楼概说

　　天津是一座在特定历史条件下形成的具有国际性租界的城市，各国租界建筑的格局和风格都与西方建筑思想密切相关，但又有着各自的风格特异性。

　　1860年英法美租界奠定了租界的雏形，以后又进行了三次拓展。1894年以后，德、日、俄、奥、意先后得到租界权。法租界街区反映了欧洲传统古典主义的规划手法，轴线和轴心公园控制着地标，笔直的街道末端都有高大建筑作为底景，豪华且宏伟。英租界街道较随意，略带弯曲，建筑多置于绿丛之中，是当时英国人花园城市思潮的再现。意大利租界设有马可·波罗广场，建有雕塑喷水池，附近还建有回力球场小花园，建筑面貌千姿百态，但风格都凸显着意式风格。日租界建筑沿袭的是日本传统的井字街区、方格形街区，形式规整、尺度小巧，建筑是"和风"与"洋风"的混合式。

　　当时天津的城市风貌，很大一部分是由以上这些组成，这在当时的历史条件下确实要下一番大功夫，花一番大气力的。

20世纪30年代的天津日租界旭街
虽是日租界，但许多建筑上是欧式风格的门窗。

当年的横浜正金银行

.当年的四面钟角楼

当年法租界的法国公园

当年的南开学校

　　以意大利租界为例。八国联军侵华，其中就有意大利王国。清朝战败后，意大利王国也在天津强划租界，这是意大利在海外唯一的一块租界地。1902年《天津意国租界章程合同》签订，在海河左岸划出700余亩，意大利政府从海军陆战队选拔中尉费洛梯（Filete），任命他为意大利驻天津的领事，拨给2.5万元，让其全面开发。

　　当时这里是一片露天储盐场地，盐坨之外便是水坑和垃圾，地势十分低洼。而租界税收少得可怜，全年仅2000两白银。费洛梯先是用微薄的市政收入，雇用人力将海河清淤的废土运来垫平洼地，并进行详细勘测和规划。为了招商引资，1914年他与纽约美孚公司签订合同，进行沥青路面试验，使之有了天津灰尘最少最平坦的道路网。

　　他制订一系列政策，在20年内建成了具有人文景观，个性、艺术性和实用性完美结合的意大利租界。楼房图纸不准重复使用，但风格要求谐调统一。仅从广场的命名也能一窥费洛梯的用心，别的租界的定名多以当年侵略者的名字命名，或许是在炫耀武力的胜利。而意大利租界中心广场的两条街道，分别以元朝时来到中国的马可·波罗和著名诗人但丁的名字命名，广场名为马可·波罗广场。

　　天津的意式建筑多建于20世纪初，建筑形式是流行于1855年到1890年的意大利式浪漫风格。其特点为低坡顶或平顶，喜欢以塔楼与凉亭形式增加建筑物的垂直感，常用不对称的建筑体形，显示其特异性。楼房屋檐很大，用长牛腿支撑着。同时，常用高长窗与弧形拱券或半圆形拱券，有时用凸肚窗，使整体变化多端。这样一来，许多名人名流看中了这里浓郁的文化气息，来此买地建房。著名的清末学者梁启超特请意大利建筑师白罗尼欧设计，将自己的"饮冰室"建在这里。这里似乎有着某种文化气息的吸引力，爱国报人刘髯公，大书法家华世奎，还有一位可以大书一笔的戏剧大师曹禺，也都在这里买地建房。

　　曹禺故居建于清宣统二年（1910年），原址为天津意租界二马路28号，现被完整地保留下来，并被辟为曹禺纪念馆。这是一幢普通的欧式楼房，砖木结构，两层，坡式瓦顶，水泥混水墙面，木制门窗，门窗有着典型的天津特点。曹禺（原名万家宝）从小就生长在这里，教他读书的先生是当时很有名气的"大方先生"，也曾教过袁世凯的儿子袁克定。在他的邻楼住着一个叫"周金子"的妓女，据说是什么阔老爷花一万现大洋买来的，曹禺小时见她，犹如仙女般的美，这或许为他日后写《雷雨》、《日出》提供了现实题材。

　　如今百年光阴过去，经过腾迁装修，意式风情街以异国格调在新时代的世人面前大大风光了一把。百年的意式建筑，雍容华贵，大气洋派，与今天的时尚一起展示着百年前意大利的风情。

曹禺故居

天津小洋楼

天津小洋楼

天津小洋楼

64

天津的小洋楼成规模成群落的地方当推五大道，这"五大道"与北京的"八大胡同"定名颇有相似之处，是泛指一个地区。如北京的八大胡同是前门外的韩家潭、百顺胡同、胭脂胡同、石头胡同、王广福斜街、万佛寺湾、陕西巷、大外郎营八条胡同。清末曾有这样一件事，初来北京的一南方嫖客去八大胡同，等人力车夫拉他到了这里发现根本没有"八大胡同"字样，经解释才明白。

天津的五大道与之相埒，是指五条由东向西的道路，即马场道、睦南道、大理道、常德道、重庆道，占地130公顷，原为英租界，住有许多高级将领、军政要人、晚清遗老、中外实业家和社会名流，是小洋楼最集中的地区，有具历史风貌的建筑千余幢。

这一地区的建筑和中国四合院有一相同之处，就是封闭性、私密性强。20世纪20年代，正值英国"花园城市"规划理念盛行之际，五大道正是在这一理念指导下兴建的，整体规划合理、居住环境舒适，路网布置及配套设施完善，完全按照宜居的高级居住区规划建设。这里不设商业中心，禁止电车、公交车等公共车辆进入。其围墙高大密实不通透，临街的房屋多为厨房或佣人起居室，以保证主人的安全等。

五大道有着完善的公共配套和室内设施，至今仍不落伍。其市政设施如路灯、绿化、上下水统一合理，住宅皆为水冲式厕所。区内公建布局严谨方便，有医院、学校、教堂、花园、体育场、跑马场等。其将西方起居方式引进到这里，如楼房以餐厅、舞厅、客厅为中心，以花园、教堂为活动半径，以汽车作为主要代步工具，形成独特的城市文化空间。

这里住过的各界名人有近百位。如民国大总统徐世昌和曹锟，张学良胞弟张学铭，爱国将领张自忠以及民国四公子之一袁克文等，在此不一一尽述。

这里的建筑风格多样，大多体量不大，故称之为小洋楼，集中了英国庭院式住宅的特点，外观整洁明快，外有铁花大门、围栏，内有玻璃花窗，整体住宅为

天津原日租界一楼房的隔扇

　　此隔扇为笔管式隔扇，安装在天津原日租界一楼房中。笔管式隔扇是一种古风隔扇，自唐宋至明代，格子门一直以竖式直棂为主，因为立直棂子不易落尘土且古朴。

绿树、草坪包围，是西方经典式住宅的再现，构成十分美丽的街景。置身这里，恍如来到百年前的英国，在中国有如此风光的城市并不多见。

天津小洋楼的特点不仅仅在于建筑形式的多样化，重要的还在于它支撑了昔日天津的辉煌。文化学者冯骥才有一段话专门阐述这样的观点，能让人体悟在这些小洋楼里，那些地位并不显赫的"高级白领"们曾经做出的贡献，冯骥才说：

民国时期天津的格子窗

此格子窗用红木为框，做工精细。据传为曹锟家中之物。现安装在安家大院大门道，格子纹名"满天星"。

自辛亥革命结束了中国历史上两千年的封建时代，天津的许多潜在条件，如海港、铁路、电讯、建筑业等，和西方人带来的先进城市设施以及国际资本，都成了优势。本世纪（20世纪）初，大批人拥到充满机遇的天津来淘金，形成了天津历史上最大的一次移民高潮。这些移民的素质较高，他们或带来大批资产，或各种技术、工商和精通洋务的人才，其知识先进的工程师、教育家、医师、文化人的人数，远远超过那些声名赫赫的寓公。但我们总是从官本位出发，一提小洋楼的历史，就历数那些地位显要的寓公，无视这些近代天津积极的因子。而他们内与北京、上海，外与各国公司及其资本，紧密通联，抓住机遇，致力拓展，使得天津在二三十年代这短短的时间里就一跃成为我国近代领先的魅力无穷的大都市。可以说，天津作为闻名世界的近代化的城市，就是在这一时期完成的。而这批移民主要都住在五大道地区。如果把这个历史内容抽去或删掉，天津剩下的恐怕更多的是平民化的市井生活了。

第四章　老天津小洋楼上的门窗隔扇

一、老天津小洋楼上的门

东、西方建筑都有门，门的用途相同，但因文化理念不同，故样式不同。

当然，东、西方在单扇门和双扇门上的理念有许多相同之处，比如外门与内门亦"内外有别"。然而，门的形制几乎无共通之处，这固然与建筑风格和房屋格局有关，同时也与西方很早借用了铁艺、铜艺来装饰大门，且比中国早上一百年普及了玻璃有关。天津租界小洋楼的门窗让中国人开了眼界，但这种"开眼界"是被迫的，是没有选择性的。

天津书画家、学者陈骧龙有这样独到的见解，正中肯綮：

> 西洋文化传入中国不自（天津）洋楼始，《四库全书》中的西方译著便是。洋楼的传入中国也不自近代始，圆明园里的西洋楼便是。它们都是和和气气进入中国，进入了中国的皇家。天津的洋楼就不是这样了，远没有那么运气，也绝不那么和气。洋枪洋炮开路，硝烟过后躺下了一大片尸体，这才划定了天津的租界，这才立起了小洋楼，从始即显出一种与中国传统文明绝不相类似的面貌。与旧城里那些磨砖对缝、雕梁画栋、封闭得严严实实的四合院和高墙夹缝中的石板街面相比，却是"街道宽平，洋房齐整，路旁树木，葱郁成林……"这正像西服领带之于长袍马褂。

洋楼的门和四合院格局下的门绝不相类，因为这是两种建筑理念、两种思维。中国的门，封闭性极强，有高的台阶，有高的门槛，有两扇严严实实的门板，这极封闭的门正像我们的服装，把身体遮掩得严严实实。而洋楼的门也一如西服，带有"开放"性。其实，早在清朝中期，雍正皇帝就曾在深宫里戴起西方人卷发式的假发套，穿起了翻领西装，衣襟敞开，颈下系起司脱克式饰巾，俨然是18世纪欧洲男子打扮，留下大幅画像。

末代皇帝溥仪，则彻底脱了清朝的服饰，他在《我的前半生》一书中写道：

> （用）外国商店里的衣饰、钻石，把自己装点成《老爷杂志》上的外

国贵族模样。我每逢外出，穿着最讲究的英国料子西服，领带上插着钻石别针，袖上是钻石袖口，手上是钻石戒指，手提"文明棍"，戴着德国蔡司厂出品的眼镜，浑身散发着密丝佛陀、古龙香水和樟脑精的混合气味，身边还跟着两条或三条德国猎犬和奇装异服的一妻一妾。

从以上文字中我们看到什么？西方文明进入，先是抵触，后是半推半就，再后来就是极力模仿追捧。门窗和服饰一样，洋楼门窗为天津人乃至中国北方，打开了看世界的一个样板。将天津的洋楼门窗与欧洲当年的门窗作一比较，大多是一个模子扣出来的，还有一部分经过改良而"中西合璧"的。总而言之，洋楼首先改变了天津，也改变了天津人。许多门窗隔扇的传统理念被打破，糅杂进了诸多的西洋符号，从而也形成了代表北方一派的门窗隔扇式样。

天津小洋楼之所谓"洋"，其实是建筑外观和门窗的样式与中国传统建筑不同。试想，天津早期的一些洋建筑，使用的就是本地的青砖，木头也源于这块黄

中西合璧的棋格门和上亮

"中西合璧"的门窗
伦敦街头一处临街门似隔扇。

土地，建筑工人也是本乡本土的百姓，然一经洋工程师的指挥，建筑风格陡然而变，门窗也与传统大不一样了。

天津小洋楼的门大致可以分为三类：

一是公共设施的门，如公园的门，肯定是开放的透空的。天津五大道的睦南公园，是天津，甚至是中国北方第一座公园。此前，我国只有私家园林。

二是别墅私邸的门。别墅和四合院是两种观念下的建筑，天津有许多私密性很强的别墅洋楼，其门也是五花八门、各有千秋。

三是一般住宅的门。这类门既不像四合院大门那样严实得密不透风，也不像别墅洋楼那样宽可走马高不可攀，而是平平常常的出入方便的门，下文分为三类介绍。

1. 公共设施的大门

城市的繁华一定要依赖公共设施的齐全。不能不承认，近代欧洲治理城市、规划城市的理念比我们先进。20世纪初叶，天津租界出现了功能性分区。大体说来，日租界的旭街、法租界的梨栈，英租界的小白楼成为商业区，劝业场一带被称之为"小巴黎"。法租界的大法国路和英租界的维多利亚道（今解放路），成为银行林立的金融区，再如各类办公机构，如工部局、领事馆、酒店、医院、教堂等，这些公建一般都高大宏伟，其门不仅追求宽大、气派，对门框、门饰、门楼、门柱、门廊等都予以精心设计。除了考虑它的牢固、安全和耐久性外，还注重造型的优美、式样的多变、工艺的精湛，常以细部精美华丽的装饰去打动人。这些具有异国风格的门，至今还焕发着迷人的华彩。门，确实是建筑的眼睛。

天津公建洋楼的门有以下三个特点：用高大宽敞来显示气势；以不厌其烦的精细装饰，显示富丽堂皇；以独特的风格，顽强地表现本国特色。

2. 别墅私邸的大门

在租借地的洋楼中，别墅私邸占有相当大的比例，意租界、德租界、英国墙外推广界，法租界巴斯德路（今赤峰道）、日租界宫岛街（今鞍山道）成为著名的居住区。这里边有大量的独体别墅、洋楼洋房，也有联体的公寓等建筑。由于租界享有治外法权，是"国中国"，在政权更迭频繁，各派争斗激烈的大背景下，许多名士政要

大圆拱形门

　　大圆拱形门和窗的组合，气势恢弘。

日式木门和木楼梯

都有私邸，寓居于此，他们基本可以分为四大类：

一是外国名人，如美国31届总统赫伯特·克拉克·胡佛、英籍德人德璀琳（英租界工部局董事长）等。

二是清朝遗老遗少。宣统皇帝溥仪于1925年来天津住在日租界张园，1929年迁往不远的静园。还有庆亲王载振、太监小德张等。

三是北洋军阀一批军政要员，如大总统袁世凯、黎元洪、冯国璋、徐世昌、段祺瑞，还有张作霖、潘复、朱启钤等。

四是社会名流，如梁启超、曹禺、朱宪彝等。

据统计，三四百位够得上级别和有影响力的各界人士在此都有故居。这些人或隐居，或赋闲，其建筑内部豪华气派，但建筑外表大部分被浓郁的树木遮掩，隐而不露，并建有高高的围墙，加上清静的街区环境，私密性和安全性极高，其门有以下几个特点：精巧细致，且外表不事张扬；门洞幽深，曲径通幽，而庭院宽阔；一般均有侧门、旁门以及后门，以应变故。

3.一般住宅的大门

租界洋楼里住着大量的在洋行、银行以及公司工厂工作的白领阶层，他们住在一般的公寓或临街的楼中，这些楼房即高级区域中的普通住宅，其格局比较普通，其门窗没有更多的装饰，只是实用而已。其特色是异国的门窗移植到这里。若归纳一下可以这样理解：

门的通透性采光较好；门上的铁艺既有装饰性更体现安全性；双扇门开启节省空间。

洋式门

浮雕葡萄纹的洋式门
现存于天津五大道历史博物馆

浮雕牡丹花纹的洋式门
现存于天津五大道历史博物馆

二、老天津小洋楼上的欧式窗

1.木窗

若说中国古典门窗上有许多装饰，那么天津小洋楼的西式窗就十分简单了。窗户大多是木窗，窗棂窗框就是直框，功能为镶嵌玻璃。为了开启方便，减少窗扇的面积，一般分为上窗（俗语称上亮子）和下窗，都可以开启。这种"分而制之"的窗户增加了诸多便利。

窗户多为三层，一层外窗、一层内窗，中间为纱窗，这三层窗都有沿口，密封性好，下雨水淋不进去，阻隔风尘，同时保温隔音。为协调建筑，上窗有的做成半圆形，以配合外檐券口。

窗户都比较简约，没有什么花饰，但为了遮阳避雨，其窗户上檐部分必有装饰，且极尽智巧。这和中国建筑稍有不同，我们的装饰用在窗扇上，而洋木窗的装饰"功夫在窗外"。在一些体积较大的楼中，这些外檐装饰雍容大气、华丽堂皇，而异常简单的木窗愈显得端庄大方。

为保护木窗，抑或是增加其艺术性，在窗外安装铁艺，弥补了木窗的横平竖直的单调，成为楼房外观的一道风景。

木窗的室内部分，为方便为美观，其把手、插销等做得工艺味十足。有一种较为流行的插销，为手柄旋转开关式，不论多高的窗户，一旋转手柄即可插紧上下两端，一般为黄铜铸造，有讲究的铸成各式花形，还有更讲究的竟镀金鎏金。

窗户木质多为松木，有的使用柚木。柚木是一种高级木材，

小洋楼中的西式透窗
虽是西式窗，但其上也可找到中国古典窗的影子。

74

不怕水浸雨淋，柔韧性强，不会因日晒雨淋而扭曲。所以天津许多小洋楼历经百年，其门窗依然风采如昨。

2.铁窗

铁窗是舶来品。我国建筑在20世纪七八十年代为节省木材使用过铁窗，但很快因为冬冷夏热被淘汰了。在天津小洋楼上的铁窗至今仍在使用，它们用铁窗不是为节省木材，而是装饰审美的需要。铁制窗户窗棂很窄，便于采光，同时显得

欧式铁窗与中国砖雕完美结合

天津小洋楼上的铁窗
小洋楼的大门横窗上的铁艺明明白白写着中国的篆书"寿"字。

十分灵秀，精巧纤细的棂格，增加了窗户视觉上的面积，尤其是英国新古典主义风格的建筑十分简约，简约的楼体配上简单线条的铁窗，愈显得时尚气息十足。再有就是结实耐用，不怕日晒雨淋。

铁制窗户是中国古典建筑绝无的，这显示着东西文明的审美差异。

3.装饰窗

窗的概念应该是能开启的，窗户的第一功能是透光，第二功能是透风。而装饰窗，或功能仅有其一：透光；或根本没有窗之功能：既不透光更不透风。

从某种意义上看，建筑审美与时装审美相同，时装上的钮扣并非都是用来"系扣子"的，有的是用来装饰，甚至在一件时装上起到画龙点睛的作用。装饰窗的用途如同中国四合院中的哑窗，在呆板的墙面上起到"破白"的作用。

装饰窗多在高处，只为采光不需开启，有的在楼的侧面，也是为"破白"。这一点上中西文化殊途同归了。

小洋楼花纹雕饰竟是中国的"卐"字和"田"字

4.天窗

天窗，顾名思义即是朝天的窗，也就是开在屋顶上的窗，这种窗在上海被称作"老虎窗"。

天津小洋楼因屋坡顶内有空间，一般要将这点空间辟为阁楼，用于存放杂物，为采光、透气，要在屋顶处开一个"探出头来"的天窗，使楼顶空间得以充分使用。

另外，天窗还是楼房顶的装饰，屋顶上有几个"探头探脑"的天窗，往往比一片排列齐整的瓦顶更有情致。

天津五大道小洋楼上的天窗

天津五大道小洋楼上的天窗

三、老天津小洋楼中的西式隔扇隔断

1. 推拉门

推拉门是西式洋房洋楼特有的装置，它不同于关启敞开式的门。靠门轴合页开启的门要占空间，而推拉门或两扇重叠，或两扇门扇可以推进墙里，不占空间。这种门日本很多，日式房榻榻米外的门多为推拉式。

推拉门一般设置在两屋之间，关闭时作为隔断将房间一分为二，切割成两间，而打开时，将两屋合二为一，这确是建筑师的聪明。

有的推拉门将滑轮部分装在下面，由于推拉的重力不均匀，显得不滑快。而上世纪洋楼中的推拉门，和现代许多推拉门一样，其重力在上，说白了，就是将门扇"吊"起来，其将一铸铁的铁条立放在两墙之间，将滑轮放在上面，与门扇连在一起，这样重力不仅均匀，其"吊"起的门扇与地板有一点点空隙，不仅不会摩擦地面，且永远呈垂直状态。使用百年，依然推拉关闭裕如。

推拉门是和门窗十分协调的装饰，有的雕有花饰，有的是几条直线，风格与门窗是统一的。一般推拉门设在一楼，一楼多为会客厅和餐厅，随时开合可以使房间利用率大大提高，有很强的灵活性，收放随意，大小由心，体现着建筑的智慧。

2.屏式木墙

洋楼的木墙其实是护墙板，中国古建筑没有这一设置。木墙即是贴在墙面上的木板，高度不统一，有半个人高的，一米二左右，也有一人高的，两米上下。这种木墙有两个作用，其一是保护墙面，既隔潮隔土又易于擦洗；其二是装饰性，与门窗、地板相互呼应，彰显着富丽堂皇。

有木墙的楼房是高档的楼房，在那个时代绝非一般的财力所能承受的，因为那时的墙板都是松木、椴木所做，更讲究的使用柚木，如再加上各种装饰，在物力财力上投入很多。

第五章

解读门窗隔扇文化

一、门窗和隔扇是中国建筑的和谐符号

中国民居大多是院落结构，首先它是封闭式的，其建筑要素是墙、门楼、庭院。其次是四合院中明确的轴线，反映出方正严明的思想秩序、组合中的渐近的层次，同时有着向心力的家族组合体。

中国古代相宅风水学一直在强调金木水火土五行学说，墙体的砖石固然是土，那门窗隔扇自然是木了，它和院内种植的树木花草一起，完成着人、住宅和环境生态之间的互动与和谐。

一进四合院，给人的第一感觉是砖木、墙面、瓦顶和地面均是砖结构，而出檐、门窗隔扇、廊柱等又是木结构，二者以一坚一柔、一实一虚、一规整一飘逸形成四合院的整体谐调。

隔扇是一多功能体，其开合的功能是门，其透光的功能是窗，再有它还是框架结构下拼装而成的幕墙。实用性自不待言，而它的装饰性不能不说是古代工匠的一个创造。我国当代著名建筑学家陈从周先生说：

> 南方建筑为棚，多敞口；北方建筑为窝，多封闭。前者原出巢居，后者来自穴处。

这是南北气候使然。南方的房子前一面的隔扇或能拆下或能全部敞开，而北方房子的这类隔扇是固定封闭的。然而，隔扇给人的视觉效果却是透漏的，虚空的，为封闭严整的砖墙打开一丝疏朗。

天津的四合院不大同于北京的四合院。北京的四合院与南方江浙一带的院落又有不同。北京的四合院大多是民居，典型的北方砖木建筑，其门窗朴实实用。至于王府类建筑受宫廷影响，垂花门、雕梁画栋是宫殿类建筑的仿制。而天津位于老城厢一带的四合院多是当年有钱有势人所建，内中的一砖一木都透着斗富显富的气息。

天津有"刻砖刘"，其刻砖的工艺称雄北方，为什么在天津出现刻砖工艺大师？是因为需求大。在天津的四合院中，为破砖石的呆板生硬，在檐头、门楼、影壁乃至墙头处均有砖雕。原银行买办徐朴庵的老宅（现为天津老城博物馆），在三道院的南墙上做了两个砖刻的"哑窗"，用的是六角五福捧寿冰裂纹图案，为的是破一破

安家大院前院西北角

　　穿过位于大院东南角的大门楼道,看过砖雕影壁和院东墙壁上的哑窗,往西北方向看去,视线豁然开朗,一个用老青砖墁地的大院十分宽敞,前院的北房和西厢房映入眼帘,北房安装的一排木隔扇非常夺目,文雅之气迎面扑来;而西厢房在两株西府海棠的映衬下,朴素大方。

整面砖墙的平实。至于在隔扇上各种工艺的运用,更能体现出大宅门主人的"匠心"独具。

　　在旧时天津,曾有这样的说法:主人建造宅子找木匠制作门窗隔扇,工程量说出后问对方工期,有人说三个月完成,有人说半年能交活,有人说至少八个月,于是主人延请八个月才能竣工的木匠来做,为的是活做得精细,至于工钱和工期都要服从于质量。此中可以一窥当年的造屋心态。

　　隔扇是以通透为主的"观赏墙",人走进大院中,第一直观便是高房大院的轩敞,紧接着是隔扇给人的华丽气息。青砖青瓦青色地面,配上棕红色大漆的门窗隔扇,其厚重不失整肃的气氛,其华丽而不乏繁复的气质,让富贵的气息扑面而来。

　　隔扇是中国砖木住宅必不可少的装修形式,已成为中国古建筑的一个符号。隔扇派生出来的其他类似的形制完善完美着四合院住宅。首先,在进入门楼后,在门洞上方有"飞罩",其花纹繁复,也可以理解为是隔扇的"横用"。一旦进入屋内,隔扇的幕墙作用改为切割空间用了。房间与房间的间隔用隔扇起到了一种似隔非隔似通非通的作用,这时的隔扇称之为"罩"了。

　　此外,隔扇在室外也有延伸,像廊下的横批,像栏杆下的花饰等都是隔扇概念

北方门窗隔扇
收藏与鉴赏

门道小景
　　明代隔扇、清末民初梁启超的楹联与现代仿古灯笼在一起,时间在这里"重组",呈现出和谐古朴之风。

的延续,都是用木制工艺将中国化的符号渗透其中,使整个四合院有着天然的和谐,有着华夏建筑特有的美感。

　　门窗和隔扇是中国建筑的和谐符号,是中国木建筑中的外露部分。常常是外部部分体现建筑的气质和品位,也彰显着文化和民俗气息,这种气息不仅负载着时代印记,同时也负载着地域特征,这些和本土民俗文化及外来影响密不可分。例如天津的门窗隔扇绝不同于近在咫尺的北京,更不同于山东和山西,与安徽、福建等地的隔扇风格更有巨大差异。天津隔扇有北方的大气舒朗,也有大商埠的洋气新奇,还有临近京畿的富贵厚重。那么南方的门窗隔扇呢?比如云南地区有"一颗印"、"三坊一照壁"、"四合五天井"的民居,其门窗隔扇几乎占满了建筑的前脸部分,透空部分大多为方格、斜格等,有着宋明时代的风格,传递着久远的时代气息。

二、隔扇是文化住宅的重要标志

　　木隔扇分为上下两部分，上部为花心，有透光的采光作用；下部为裙板，唐代时为素平形式，至宋代金代多施花卉或人物雕刻。

　　我国民居是木结构承重，尤其是北方地区为了防寒保温，建筑的东、西、北三面封闭，南面的门、窗或隔扇为的是最大限度地吸收阳光和通风。南方的门窗隔扇则是最大限度的通风，而且都有前后两面的门窗，这样利于热气与潮气的散发和流动。同时，隔扇的装饰效果比起砖石来更具灵动美观的特点。需要说明的是，隔扇不是普通住宅就有的，其多用于宫殿、庙宇、王府和高级住宅。

　　隔扇体现着住宅的气质，让人一眼就能体味到宅邸的豪华程度。当年建造住宅时，房屋的主体结构，如青砖的磨砖对缝，如柁檩的木质粗重，这种内质是宅邸的

通透是一种文化

　　通过隔扇的格心看到的，不仅仅是室内主人的品位，更是一种文化。

通透是一种美

　　隔扇门窗的格心棂花为四钱联套纹，格心部分中间留出镜心，透过镜心看到外面的景色，诗情画意之感油然而生。

书房

　　安家大院前院北房中部有一间用一大镜子隔成的书房,其内摆放书桌、多宝格等,在红木隔扇的陪衬下,古风盎然。

.安家大院前院正房东间内豪华的硬木隔扇

经久坚固不可或缺的物质条件；而门窗隔扇、栏杆等一系列的小木作，皆是地位、文化品位的体现，这很像现在的房屋装修，豪宅体现在坐落地点、面积大小、购买价值上，而装修程度是在此基础上的叠加，这种"买得起马就置得起鞍"的心态，恰恰是旧时心态的一种延续。

门窗隔扇是体现豪华的重要区域，正是"粉要搽在脸上"的外在部分，所以任何豪宅都不会忽略隔扇，都在隔扇的设计和制作上争奇斗巧。建豪宅是显示地位和显示富贵的重要手段，仅说山西平遥一地，四合院格局的大宅门比比皆是，里面的隔扇、落地罩、栏杆、挂落，各种花饰、图案不胜枚举，许多形式也颇为新颖。从内中

不仅可以追溯古代的建筑沿革，还可以捕捉到山西成为中国北方金融重地之后，一些达官显贵、名商巨贾的生活和他们的审美情趣。

中国建筑有中国建筑的气质，南北各地的四合院是中国建筑的一部分，在门窗隔扇上逐步形成了自己的气质。这种气质是是一座城市和地区个性的体现。

民国时期的天津，是一个大商埠、一个与外地信息紧密互通的大城市，作为建筑装修的隔扇，有一种特殊的气质，体现了天津人的当时的审美观和时尚。

隔扇的影子
　阳光照在隔扇上，连它的影子都如此之美。

地道口

　　安家大院前院南房内用多组落地罩隔开,室内宽敞明亮,富贵尽显。图片所示栏杆是防空洞入口,防空洞是20世纪70年代所挖,现在看来也是一段不可忘怀的历史。

客厅

　　安家大院前院北房西侧有一间用落地罩隔出的小客厅，前脸安装落地明造隔扇，室内明亮宽敞。室内隔扇前摆两对红木太师椅和茶几，北侧还有两对，是民国时期客厅的一种布局。

三、虚化与幻化的门

在京剧舞台上永远没有门，就是说从未将两扇真门装在台上做道具。但是，演员开锁、推门、上门闩、挑门帘的动作，一丝不乱，一丝不苟，让人觉得门确实存在，这是门的一种虚化，是视觉艺术的蒙太奇手段。

世间就是一座大舞台，在这个大舞台上确有许多虚化和幻化的门。举一个外国的例子，法国巴黎的凯旋门，在这"门"前有一块碑，碑上写着"在这里，我们为这个世界开了一扇窗"。凯旋门没有门，至多是一个门洞，但它却代表着一个国家。这种凯旋门源于古罗马，是古罗马最重要的纪念性建筑类型，它是为纪念皇帝的武功而建造的。古代马凯旋门中建筑艺术成就最高的第度凯旋门，在罗马市中心，建于公元81年，是一个单券洞的凯旋门，高15.4米，宽13.5米，深4.75米。凯旋门的顶部及四周布满雕塑雕刻。类似这样纪念或彰显皇帝文运武功的宫阙牌楼在中国同样存在。

中国的门常与"关"联用，最骇人的是鬼门关，虽不是真正意义上的门，可它却让人胆寒魂飞。最让人感到凄凉的是阳关、玉门关、嘉峪关、山海关，一旦从"关"门走出，那怎是一个愁字了得。

关常常就是城门，这个门的意义又常常具有"国"的概念。春秋时的各诸侯国，都在积极地垒墙砌壁，从空间上分隔出畛域。这门有大有小，有偏有正，像"晏子使楚"的故事最能说明"门"的象征意义。齐国的使臣晏婴到楚国，楚国知道晏婴个子很矮，存心开了侧面的小门请他进去，意在羞辱他。晏婴很从容也毫不迟疑地走进去，大家都笑他，他却说："我到了狗国，当然要从进狗的门进去呀。"

中国的大宅门，如皇宫、王府、进士第什么的，门都称楼，即大门楼、高台阶。越是这样的大宅门，中间的大门即"正道"常常不开，只有遇到大的祭典、大人物驾临才打开，像山东曲阜的孔府，正门很少开启，遇到大的婚丧嫁娶之事，遇到皇帝驾临，这道正门才能开启。门体现了封建社会森严的等级制，不可随意僭越。

中国最高级的门是什么？是阊阖，即宫殿的大门，唐诗有"山河千里图，城阙九重门。不观皇殿壮，安知天下尊"的吟咏。去过北京故宫的人都能体会从南面向北走到太和殿，七座巍峨的门楼给人的感觉，无怪乎清代一外官进宫面圣，因极度紧张竟然吓死在宫道上。

如今，七座门楼的一座——天安门，成为中华人民共和国的标志性建筑。天安门的"门"已没有了门的概念，重要的是它的后面曾经是明清皇帝临政的金銮殿，前面是世界上最大的广场。1900年以前，天安门广场是平面成"T"字形的，其纵的方向是千步廊，那时南起永定门，北至钟鼓楼，中轴线长达7800米；在东西长安街上处处是牌楼门阙（牌楼牌坊是没有门的大门）。从永定门到前门大街的重重城楼门阙遥望紫禁城，能不让人生有"九天阊阖"的神秘之感？

门，被虚化成威严，同样也被幻化成权力。皇家所造之门，称之为宫门、城门；有钱人所造的门楼，显示着富甲一方的傲气；寺庙所造的山门，是否在告诫俗世，这座门像山一样隔开了佛俗两界？

光与影的斑驳，影和光的互融，给隔扇平添了多少虚幻

整纹川如意心　　　青条川万字纹　　　井字嵌凌纹　　　冰凌纹玻璃

各种形制的格心图案(1)

正搭斜交卍字窗格

套方

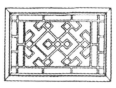

盘长

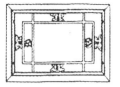

套方灯笼锦

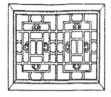

盘长类

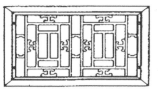

灯笼框

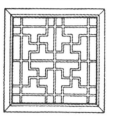

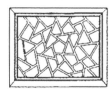

冰凌纹

工字卧蚕步步锦

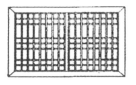

正搭正交卍字窗

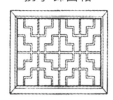

拐子锦窗格

码三箭

龟背锦

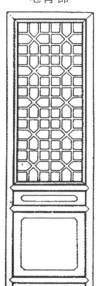

正搭正方眼槅扇

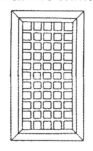

夹杆条玻璃屉

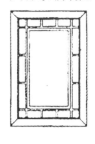

套方灯笼锦

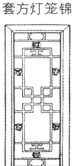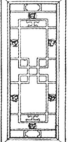

各种形制的格心图案(2)

四、门窗隔扇上的雕刻艺术

世界之大，切割出了各种不同的地区文化，然而在中国，无论地域多广，无论民族习俗多么不同，中国木结构建筑成为不同地区文化的黏合剂之一。譬如门窗、隔扇，不论怎样南北不同、东西有异，都拥有一个华夏共同的基因。林语堂在《吾国与吾民》中谈及中国建筑的共同特点时说：

> 中国的建筑像中国画、像汉字书法，不是直挺挺的线条，而是有书法雄劲的骨架、善于处理斜倾的屋面，同时又有一条意匠上的中轴线，一方面我们有了直线的主要笔画，不论是一直、一划、一撇，还得用弧线或柔软的断续线条与之相调剂。屋顶的脊背更用少许装饰意味分裂其单调。只有用了这样的调剂，那些柱子和墙壁的直线始觉可能容忍。

这段话也可以用来解读中国门窗、隔扇上的雕刻。

我们可以想象这样一座宫殿，屋脊呈柔美欹斜的人字，下面是直直的梁枋立柱，方正的门窗隔扇，然而门窗隔扇中的花饰图案有圆、有菱形，有斜纹。这就是中国木建筑中的趣味所在，也是它的魅力所在。门窗隔扇的灵动，恰恰在格心木棂条的格网中，恰恰在裙板、绦环板的各式雕刻中。

中国雕刻工艺由来已久，在汉代已高度发达。西汉都城长安营造了大规模的宫殿、坛庙、陵墓、苑囿，当时长安城的面积约为公元4世纪罗马城的二倍半。考古工作者已发现汉代长安城的城墙、城门、道路、武器库、长乐宫、未央宫的位置，还发现了各种精美的石雕。建筑木雕没有发现，是因为木材易受潮腐朽，很难保存至今。

由于石雕、砖雕、木雕是姊妹艺术，是齐头并进共同发展的，由此又派生出玉雕、竹雕、象牙雕等多种门类。反映到门窗和隔扇上，基本是木雕。木雕从地区来看，浙江东阳木雕、福建福州龙眼木雕、浙江温州、上海等地的黄杨木雕、苏州、北京的红木雕、南京仿古木雕、山东曲阜楷木雕等等。从木雕的技法上来说，有圆雕、浮雕、透雕和线刻等。

中国历史上产生了无数的木雕工匠，同时也留下大量精美的木雕作品。北京南部易县西陵有一座隆恩殿，以楠木雕刻而名扬至今。隆恩殿的天花板、雀替、隔扇、门窗上雕刻着数以千计的云龙和蟠龙。这些楠木雕刻的各式龙纹、龙头都采用透雕手法，龙身和云纹采用高浮雕和浅浮雕手法。所有的龙头都昂首空中，张口鼓腮，形似喷雾。加上楠木的香气，极其巧妙地表现了"万龙聚会，龙口喷香"的效果。楠木是珍贵木材，用它做成隔扇、门窗，再施以精细的雕刻，不仅

鄂南地区隔扇

　　在湘、鄂、蜀三省交汇处，即鄂南地区，其隔扇有鲜明的地域特色。当地人说："画中要有戏，百看才不腻。"这里的门窗隔扇上大多雕有戏曲故事，以《三国演义》故事最多。浮雕透雕均十分精道。

是木雕中的精品，也是门窗隔扇中的绝品。

各地的门窗隔扇都与当地有特色的木雕紧密关联，如浙江的东阳木雕，当地遗存的明代建筑肃雍堂上就能欣赏到极为壮丽的木雕。清代乾隆年间，东阳四百名匠师进京修缮宫殿、雕制宫灯，现在的北京故宫、杭州灵隐寺等处，都保留有东阳木雕作品。许多江浙一带的园林，门窗、隔扇上仍能找到东阳木雕的特色，应出自东阳艺人之手。

福建木雕为福建门窗隔扇打造出自己的风格。相传早在唐宋时期，福建木雕已成规模，神像、家具和建筑上的装饰都有能工巧匠的妙思。明代开始出现圆雕人物，至今留存下来的门窗隔扇满布花饰，用木板雕出或用木条拼出人物、动植物、器物等纹饰。这些华丽的纹饰不施色彩而保持木材本色，做工细腻且精巧，如同镂空的剪纸，极富装饰效果。

苏州园林的小木作也源于苏州历史悠远的木雕工艺。苏州不仅木雕工艺发达，红木小件、黄杨木雕、牙雕、竹雕等皆名闻中外。近人有赵子康者，苏州木渎人，13岁学艺，在苏州灵岩山寺院、狮子林、拙政园等处雕刻有佛座、屏风长窗和飞罩等，技艺精湛、传神生动。

潮州木雕，是广东潮州地区常见的建筑装饰，如门窗隔扇、封檐板、屏风和家具。早期建筑木雕较为粗犷，至明代已很精美。雕刻形式分浮（凸）雕、沉（凹）雕、圆雕和通雕四类，以通雕最具特色。通雕是融合各种雕法在一画面上，表现出多层次的复杂内容，全面镂空雕刻，依不同用途做多种髹漆，敷以金箔。潮州的门窗隔扇等给人以目不暇接之感。

各地木作工匠艺人几乎运用了木雕的全部手段来制作门窗、隔扇，从这些作品的艺术技法中可以看到当年宅院主人的良苦用心和工匠艺人们高超的雕刻技艺。

1. 圆雕（立体雕）

雕塑的一种，特征是完全立体的雕像，前后左右各面均需雕出，一般无背景，有实在的体积，可从四周任何角度欣赏，这就是木雕圆雕的定义。

在门窗隔扇中圆雕并不多，因为门窗隔扇展示的是扁平的正反两个平面，而圆雕展示的是前后左右四个面。虽然在徽式住宅中，其门窗有很多楼台山峦人物等，凹凸起伏立体感很强，但关键的一点是，其展示的仅是一面，有时还展示出

第五章 解读门窗隔扇文化

木栏杆上的瓶花

　　安家大院北房中木栏杆上的瓶花,不仅是透雕,还是双面雕,而且近于立体雕。

圆雕寿星柱头装饰

　　为安徽黄山宏村民居的柱头装饰,寿星系用圆雕手法雕刻而成,还雕刻出松树、仙鹤等。这正是中国民间雕刻的特点。

95

左右两侧面，但它的反面不可以欣赏，所以不能算是圆雕。

在天津老城厢拆迁过程中，从一老四合院拆出一套很奇特的格扇罩。一般的落地罩都直框落地，而这个罩是上面挂在房檐上，下面似栏杆立在地上，两边中间皆是空的。其上下的花饰像栏杆的直柱，但都刻成立体的瓶子形状，上面插的是圆雕四时花卉。这是一件改良过的落地罩，视野开阔，可见当年的设计者别有一番用意。这种创新的落地罩是一珍奇品种，值得收藏。

2. 薄浮雕（浅浮雕）

浮雕是在平面的木板上琢刻形象，显示的是一个平面效果。形体轮廓线近似绘画，前后压缩体积，因此浮雕是介于绘画和圆雕两者之间的一种艺术形式。薄浮雕，是指表面凸出的部分较薄（低），是薄浮雕与线刻相结合。像隔扇的裙板、门的底板一般都是薄浮雕。因为这些地方都是镶上去的薄板，主要让人从正面欣赏。由于雕刻的凸出部分较低，许多部位要靠线刻来完

浅浮雕裙板

浮雕二龙戏珠纹，构图严谨，雕工精细。但此龙纹是民间所用的草龙纹，不是宫廷专用龙纹。

木雕蝙蝠纹

成，往往是在其凸起的阳刻上又进行线的阴刻。薄浮雕节省木料，也节省雕刻工时，这样的薄浮雕较多，尤其是江浙一带的文人住宅，其裙板、绦环板大都采用浅雕，在视觉上有一种简约的平整典雅。在天津的许多民国隔扇中都有这样的浅浮雕。

3. 深浮雕

深浮雕与浅浮雕都是就圆雕形象的压缩程度而言，压缩程度大者，就是浅浮雕，压缩程度小者，就是深浮雕。从雕刻手法来看，深浮雕用的就是圆雕技法。总体上讲，我国民间浮雕的表现形式接近绘画，可以表现背景(业内叫"地子")，一般是用中国传统的"三远构图法"来表现。深浮雕是在一个平面上表现近景、中景、远景三个层面，有些近景、中景位置的形象就是用圆雕技法雕刻而成的，但又与无背景的圆雕不同；某些在近景、远景位置的形象用浮雕技法雕成。这种雕刻方式有人称作"小立体雕"，是因为这种雕刻中的人物形象都是圆雕，但又很小，整个雕刻又有背景，实为一种独立的雕刻技法。在安徽、云南乃至山西等地的门窗隔扇，有许多雕出三层，使一件浮雕作品中有近景、中景和远景，立体感甚强，所表现的内容更加丰富。如福建一个村落有一件屏的绦环板（围屏应算作隔扇的一个分支），其上图案是姜太公钓鱼，把人物、树石及底纹分雕为三层，立体感极强。

从工艺上来说，深浮雕是吃功夫且费力的，从设计图案来说，要分出三个层面，每一个层面都不能混淆，近景、中景、远景层次分明，让人一眼就能分辨出来，无论对于设计者和雕刻者来说都是一件不容易的事。深浮雕在视觉上有进深

深浮雕
安徽黄山市宏村民居装饰。

感、层次感，这更有利于大场面复杂场景的刻画，像福建等地的木雕有许多人物故事戏剧场景的刻画，没有深浮雕技法是很难完成的。

4. 透雕

透雕，顾名思义就是雕刻的木板有透空的地方。大体分两种，一是在浮雕的基础上，一般镂空其背景部分，有的单面雕，有的双面雕；二是介于圆雕和浮雕之间的一种雕塑形式。这两种透雕在门窗和隔扇中都能经常看到。

门窗和隔扇许多是两面都需要看的，这就要求两面都要雕刻。但为了省工，许多透雕只是雕单面。也有双面的，其价格要高于单面雕许多。

透雕又像剪纸，把背景部分去掉，只留下要表现的物体本身。为了增加门窗隔扇的通透性，尤其是隔扇门窗的上部，即格心部分，都是透雕，这样利于采光。隔扇在出现之初，为糊窗纸牢实，格心棂子无论是方格、斜格，都是均匀铺满的。到了后来，格心棂子都有意挤向四周，只在四围组成图案，再安上透空的卡子花，窗户的中间部分是透空的，这与后来使用玻璃有关。如果是糊纸，中间大面积的透空是不现实的。所以，门窗隔扇的透雕有两个因素必须考虑，一是它的观赏性，再有就是它的透光性和实用性。

透雕牙子

透雕楣子

楣子是用于有廊建筑外侧或游廊柱间上部的一种装修，主要起装饰作用，一般采用透雕工艺，使建筑立面层次更为丰富。图中的楣子图案为荷花鸳鸯，寓意夫妻好合。

五、中国古典门窗隔扇的地域特色

门窗、隔扇之所以产生地域性的特色，与气候、风俗、人文和历史多方面因素有关。中国建筑虽有木结构、石结构、土结构、苇草结构等多种，但仍以木结构配以砖瓦的建筑为主，在造型和布局上有区域性的差别，隔扇的风格尤能让人感到其中的差异所在。

从大的框架上分，有南方北方之别，若再细之，大致可从地区上分为：北京、山西、山东、天津的北方隔扇和浙江、安徽、江西、福建、云南的南方隔扇。

隔扇是中国建筑中不可或缺的东西，它是板门和窗的结合。隔扇既有门的功能又有窗的功能，更具有装饰功能。隔扇门大约在北宋初期出现，现存最早的实物为河北省涞源县辽代建筑阁院寺文殊殿；保存最完整的格扇门，在金代建筑的山西省朔县崇福寺弥陀殿中。那时的格扇也分上下两部分，上部为格心，即透空有图案的部分，下面为裙板。宋代的重要建筑典籍《营造法式》记载的格心式样有挑白毯文、西斜毯文、四直毯文和方格眼四种，到了元、明两代，格心式样有柳条式、井字花等四十多种。各地的门窗隔扇在形制上出入不大，但越到后世，隔扇中间部分的绦环板越多，一开始为四抹，后来分为六抹，为的是使裙板、格心更突出。在宋元基础上，隔扇在制作上分出了繁简两种派别。

安徽、江西和福建等古镇民居，制作门窗隔扇时追求纹饰的繁复之美，山水、吉祥器物乃至人物等等纹饰，比比皆是，而且不放过门窗隔扇上的任何一个地方，比如说隔扇最上方的横板叫绦环板，中间横板和下方横板的绦环板都雕刻上花纹图案，在格心和裙板上更是不放过。一个隔扇用的木料很有限，但在雕刻上花费的工时却难以计算。现已从大量的资料整理中发现，越是僻远的古镇山村，其隔扇上的雕刻越繁琐，这些民居大都建在清中晚期，这时社会的审美倾向是崇尚繁杂，堆花叠物、描红填金，任何装饰手段无所不用其极，所以现今留存的大量的安徽、江西等地的隔扇，以雕刻取胜，形成了一种风格。

而江浙一带，尤其是在苏州的园林中的门窗、隔扇，风格舒朗典雅。可以这样说，安徽、江西的隔扇是把世上的珍奇美丽包括戏曲传说，统统刻在隔扇上，表现了对生活美好的希冀。而江浙一些园林中的隔扇，减却了雕镂的繁琐，用文

江西樟木隔扇

　　一樘共八扇，这是其中的四扇，保存很好。

江西樟木隔扇

　　一樘共八扇,这是其中的四扇,保存很好。

人的审美观，把实物描摹提升为抽象的花纹图案，尤能显示出文雅气质。

天津隔扇在很大程度上借鉴了江浙一带隔扇的风格，同时又将西欧东洋的东西吸收进来，形成了天津隔扇的独特风格。天津的隔扇绝不同于北京。北京的隔扇在很大程度上沿袭了元明以后的形式，在清代的宫殿王府，其隔扇大都是棋格、斜格抑或是比较繁杂的三交六椀菱花等。这些基本影响到以后的北京四合院门窗。一般说，北京小院中的门窗为了加大采光的程度，只是窗框加玻璃，根本没有什么装饰。即使有隔扇门窗装饰的，也是明清以来的豆腐块、码三箭、步步锦、灯笼框等常见的样式。而天津的四合院，尤其是大户豪门中的隔扇，把江浙一带的典雅简约，把安徽、福建的雕刻，把东洋、西洋中的洋味统统吸收到隔扇、横披和罩上。因此，天津的隔扇既大气又舒朗，让人感到大商埠中大开合的气息。

天津的隔扇有着很强的地域排斥性和地域的吸纳性。在天津，基本看不到那种明式的格子门，因这种纹样只是直线连接，用料粗重，显得乡土气很浓，也基本上看不到那种重重叠叠的几层深雕浅雕的隔扇，更没有徽闽隔扇描红描金的彩作。天津的隔扇受着洋风影响，许多四合院建筑已经糅合了欧洲洋楼的成分，在隔扇上虽然没有走出很远，但确确实实已形成了自己的面貌。

门窗、隔扇之所以形成地域性的差别，应当是和地域性建筑风格密不可分的，从建筑的总体风格再看门窗隔扇的单体风格，二者的吻合恰恰形成独自的地域个性，下文找出典型的地域住宅分析一下，或许能看出规律性的东西。

1.徽州古民居的门窗隔扇

安徽省是我国古村落最为集中、最富有特色、最具观赏和研究价值的省份之一。这些建筑主要集中在安徽省南部的山区里，即我们所说的皖南古民居村落，其中心地带是原徽州府的一府六县（歙县、黟县、休宁、祁门、绩溪、婺源）。这个地区保存了不少明代至清初的住宅房屋。这一带住宅的基本形式是苏南、浙江、皖南所习见的楼房建筑：平面正房三间，或单侧厢房，或两侧厢房，用高大墙垣包绕，庭院狭小，成为天井。形式虽简单，外观仍多变化，利用房顶高低错落、窗口形状位置不同、屋檐的变化（披檐、雨篷等）以及墙面镶瓦披水等方法使之活泼多变化。

·徽州古民居的特点之一是楼上和楼下分间常不一致，有时楼上分间立柱点下层无柱支撑，只能立于梁上，是别处未有的。这样楼上楼下房间分割不一致，使门窗和隔扇的摆布发生变化。上下楼的格局不一，使门窗出现不一致，显得住宅统一中又有变化。

徽州古民居以木雕精美著名。其木雕关注的重要部位与北京、山西等地住宅不同，工匠们将心思用在如面向天井的栏杆靠凳，楼板层向外的挂落，柱梁的节点（或为叉手、驼峰），门窗、隔扇和凭空窗上。这里的古三雕很出名，刀法流畅，丰满华丽而不琐碎，砖雕、木雕、石雕混杂在住宅中。进入这样的住宅，从天到地，上下左右到处可见精美的雕刻。为了改善室内折射亮度，不至于晦暗，在楼板底面（天花）绘浅色木纹，同时喜用色彩淡雅的彩画，和各式雕刻一起，组成门窗、隔扇及砖石的艺术装饰组合，冲击着人们的视觉。

安徽省黟县由于交通的闭塞，自古很少受战争的劫难，至今仍有保护完整的古民居3600幢，其境内的西递、宏村于2000年被联合国列入"世界文化遗产"名录。

徽派的门窗隔扇极尽雕刻之手段，从格心到裙板、绦环板，无一处无雕工，透雕、高浮雕、浅浮雕都有，可以说充天盈地满视野。雕刻的内容"很中国"，从吉祥花卉到古典故事或戏曲故事，十分丰富。在色彩的运用上十分淡雅，或是木质本色，或用黑色描金。

以雕工的繁复和雕刻的精美取胜，这或许是徽州古民居最惹眼之处。需说明的是，这些住宅是富商的民宅，而不是王府和官僚的府邸。

安徽黄山宏村古民居

北
方
门
窗
隔
扇

收藏与鉴赏

安徽宏村汪氏宗祠大门

安徽黄山宏村古民居的堂屋

.徽黄山宏村古民居堂屋内的雕刻

.安徽黄山宏村古民居堂屋内的走廊

安徽黄山宏村古民居堂屋两侧卧室的格子窗

2. 清代北京民居的门窗隔扇

一说到北京的住宅，当然就是四合院。

北京四合院可以视作华北地区明清住宅的典型。但这仅指的是住宅格局，因为从门窗和隔扇来说，山西和天津都有了各自的风格。

北京四合院住宅严格区分内外，讲究对称，对外隔绝，自有天地。其大门形式分为屋宇式（有门屋）和墙垣式（无门屋），在墙上辟门。房屋一排有三间、五间或七间，七间是亲王府第用。

大门有区别，门扇装在中柱缝（脊檩缝）的叫广亮大门，门扇有门钉、连楹用门簪，下槛两端作石鼓门枕。门扇设在檐柱处，叫如意门，为一般民居用，数量最多。如意门门口墙面常多砖雕。无门屋的墙垣式门更低一级，说得直白一些，这样的门只是在墙面上有一简单的门框门板而已。

北京由于冬季寒冷，很少有用木隔扇作为外幕墙的。一般明间（中心间）做成双层门，内层为四扇隔扇，外层装风门，安帘架，挂棉门帘，以避风寒。两边（次间）下砌砖槛墙，上安装窗户。下一层为死玻璃窗，上一层为糊纸的支摘窗，天热时可以支起通风。

四合院的垂花门为北京特色，其坐落在住宅的中轴线上，界分内外，形体华美，为全宅突出醒目之处，是雕刻彩绘的着力点。所谓垂花门，是指两根檐柱不落地，外悬在中柱穿枋上，下端刻莲瓣联珠等富丽圆雕，其高度正与人的视线平行。

四合院的大门皆为板门结构，根据身份等级设置门钉，院内的屋门大都是上透空下实板的门。由垂花门入内，左右包绕庭院至正房的走廊称为抄手（超手）

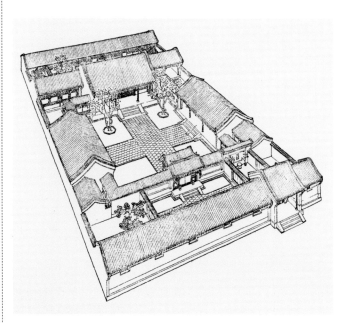

北京四合院住宅示意图

108

北京宋庆龄故居
　　门窗隔扇已经过了改良，但风格依然大气。

北京宫廷园林中的抄手廊
　　老北京讲究的四合院，一进垂花门，环里院一周的带屋顶走廊，可通向正房、东西厢房、倒座南房及其他院落。抄手廊都一面或两面有挂落和坐凳栏杆。现存的老北京民居中的抄手廊很少，但其形制布局也与此图所示相仿，只不过没有这样高的规格。

廊，廊深一步或两步，探出的廊形成走道，上面装有挂落，下面装有栏杆，一般是较为简单的冰凌纹、工字纹、套方纹等。庭院的宽敞和廊栏的纹饰简约，为的是最大限度地吸纳光线，接纳阳光。

气候原因使得隔扇"对外"少了用武之地，而在室内隔扇使用量较大。为增加单间面积，一些隔断墙使用落地罩，而且室内分间采用多种形式，像各种形式的罩、博古架、隔扇等，这些都成为艺术装饰的重点。如一篇讲述爱国人士朱启钤先生旧宅的文章说：

> 案正中是一个大型红木神龛，形状如同前面带卷棚的房间，栏杆、隔扇以至屋顶上面的瓦垅制作均极精细。

清代北京的住宅，在大门、中门、上房和走廊处，在影壁、墀头、屋脊等处施砖雕，这些和北京四合院中有明式简约的隔扇窗门一起，构成独有的地区特色。

老北京民居中的垂花门

这种垂花门属于一般档次，较高级的垂花门建于石台座上，要沿石阶才能进入里院。

北京四合院正房

这是典型的北京四合院正房，有四扇隔扇门，中间两扇可以开启。门的两侧是窗户，下层安装玻璃以便透光，上层是可以支起的窗扇以便通风，窗扇格心为步步锦式纹饰。

朱启钤的故居

图中的建筑是北京赵堂子胡同2号朱启钤的故居。此大门的形式为屋宇式（有门屋），门扇装在脊檩处，门洞上有飘罩。

李大钊故居的西厢房

图中的建筑是北京石驸马后宅李大钊故居的西厢房。格子单扇门，窗户的上层是可以支起的支摘窗，下层是死窗。其格心图案为步步锦式。

梅氏五兄弟中的梅贻瑞及家人的合影

从照片中可以看到老北京典型的四合院隔扇门的形制，为五抹式隔扇，格心图案为短栏式。

3. 明清时期苏州民居的门窗隔扇

一说到苏州，立刻让人想到苏州园林。园林其实也是住宅，是当年有钱人修建的带花园的住宅。只是新中国成立以后，再没有人拥有这样的园林，私人的园林收归国有，作为办公地点或成为旅游景点。

苏州从唐宋时期起就是江南经济文化中心之一，经济和文化发达，物产丰富，一向是富商、官僚麇集之地。他们建宅斗富、巧思斗智，所以苏州园林住宅不仅数量多、规模大，且精巧雅致的程度无出其右者。

苏州住宅的特点，一是住宅外围包绕以高大的垣墙，这是防火的需要，也显示房墙大宅的气势；二是建筑纵深为若干进，每进有天井和庭院，但很浅，这一点与北方四合院不同。这是因为天井很高，形成一筒状，会产生纸很强的吸力，不仅通风量大，采光效果也很好；三是大住宅有两三条轴线，中轴线上排列大门、轿厅、客厅、正房；两侧轴线排列花厅、书房、卧室乃至小花园、戏台等。

苏州园林轿厅后的砖刻门楼砖雕繁缛，是各宅争奇斗胜的地方，此外是花厅，这是主人显示豪富，显示品位之处，无论是厅内的家具陈设，还是门窗、隔扇，以及厅外的山石花木、亭台水榭，形成苏州园林最富生趣之处，许多奇趣美

拙政园卅六鸳鸯馆

拙政园玲珑馆

拙政园留听阁

景由此而生。比如说隔扇，排列起来成为幕墙，南方称之为长窗、落地窗，内外通透，让内外的景致互美互融。园林内的花厅，有南北相对的，有东西分置的，这些花厅多是四面无倚，四面通透，也就是说四面采用隔扇或门窗。这样大量使用隔扇，使得隔扇的花式和线脚数不胜数。徽式隔扇多以人物故事，铺天盈地的吉祥纹饰为特点，而苏式门窗隔扇上的透空花纹则比较简洁雅致，下部裙板上作凹凸起伏的雕饰，花纹多如意、花草、博古静物等。窗框线脚分亚面、浑面、文武面、核桃线等种类。

门窗、隔扇是建筑中的小木作，说得再直白一些，是装饰点缀建筑的，建筑主体的样式越多，门窗隔扇的样式也越多，这是成正比的。苏州园林花厅多、亭台多、廊榭多。

先说这亭，亭的平面形状有正方、长方、三角、六角、八角、十字、圆形、梅花、扇面、双套方等，亭一般不设门窗，也无隔扇，但柱间作半墙或平栏，设坐楹、鹅颈椅或栏杆，檐枋下悬有挂落，仍很有特点。再说这廊，南方多雨且晒，廊是厅堂四周的附属建筑，廊的形式有直廊、曲廊、波形廊、复廊，按其位置有空廊、回廊、楼廊、爬山廊、涉水廊等。廊的立面多开敞，但上悬挂落下设

网师园殿春簃大厅花窗

网师园小山丛桂轩花窗

拙政园卅六鸳鸯馆东厢房彩色玻璃窗

坐槛栏杆，像复廊是两条平行廊并为一体，中间隔以漏窗，也成为门窗的另样景致。

再讲厅堂，明间设长窗、次间设地坪窗，四周回廊、廊柱间上部装挂落，四面厅四周用落地明罩，轩馆小筑明间用长窗、次间用半窗，亭榭柱间悬挂落，下部设坐槛或鹅颈椅，楼阁常用和合窗，其底层为粉墙门洞。

正因为这些，苏州园林在尺度宜人、优美静谧的有限空间内，创造了那么多的优雅娴静，那么多的人间美景，各类门窗、隔扇、挂落、栏杆显示了筑园主人和工匠的智慧和手艺。

4.民国时期天津民居的门窗隔扇

旧时天津，是中国北方最大的工商业城市，虽然有"北京四合院，天津小洋楼"的说法，在天津，除去旧租界地的洋楼洋房建筑，更多的仍是以四合院青砖瓦房为代表的中国式建筑。凡是四合院建筑就有门窗隔扇。

作为大商埠的天津，不仅是近代中国的缩影，也是接受西方文化最迅捷的城市，最直观的反映就是建筑的样式。天津的租界为九国租界，从1860年英、美、法国在天津设立租界后，至1902年，先后又有德、日、俄、意、比、奥国在天津设立租界。租界的洋式建筑直接影响着天津本土的建筑，如20世纪初天津最大最繁华的商业街——估衣街，其建筑显然吸取了西洋建筑风格。建筑风格是艺术审美的时尚取向，建筑内部的门、窗、隔扇，乃至陈设都可作为时尚的解读。正因为如此，天津隔扇形成了地域风格。

曾主持蓟县独乐寺修缮工程的天津古建筑专家魏克晶说过，中国木架构建筑可以挺立一千多年，这是砖石架构不能比拟的。我国的房屋是四梁八柱的木架构承重，墙体、屋面、房顶是后"贴"上去的。中国人很智慧，将房屋的"前脸儿"变成木建筑的墙，由实返虚，成为四合院中的观赏墙，隔扇便是这一虚化的主角，天津隔扇尤其如此。天津隔扇有这样几个特征：

(1)棕红色的大漆主调

隔扇有外檐用和内檐用两种，外檐用隔扇是作为院内房屋的前脸，具有墙体相同的功能。内檐用隔扇，是用于分隔室内房间的。在天津，内檐隔

近于朱红色的天津大漆隔扇

这个隔扇门上的图案是云纹灯笼锦，是一种常见的传统窗格图案。它是把灯笼形象简单化、抽象化，周围再点缀团花、卡子花、云纹等雕饰，整体图案简洁舒朗，清新而典雅。

民国时期的天津隔扇

　为了更好地采光，民国时期的隔扇变得越来越简单和通透。

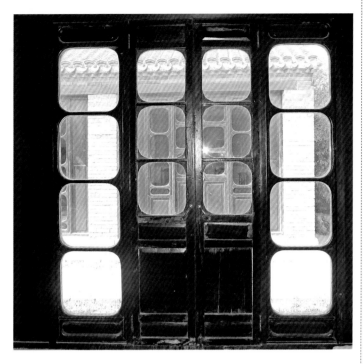

扇的用量很大。原老城厢，一些房屋的隔断是木板墙，用厚厚的实木板隔开房间。进入民国以后，采用隔扇作为隔断墙的多起来，既能分隔房间，又有很强的装饰作用。为与家具的色调统一，这些隔扇都采用大漆工艺。

　　用大漆为饰是天津隔扇的最大特点。山西、山东的隔扇是用黑漆或其他色漆，有的就是原木状态；南方江浙的隔扇，是用深红大漆打底，再罩清漆；徽闽等地则用彩漆。用大漆装饰隔扇，是富贵华丽的展示。民国时期，一色的大漆家具是很讲究的，一堂大漆的隔扇，愈显富丽堂皇之气。

　　大漆即天然漆，又名土漆、中国漆，属于天然树脂涂料，为我国独有。刚从树上采割下来的生漆，为乳白色的胶状液体，接触空气被氧化后，逐渐变为褐色、紫红色以至黑色。大漆工艺操作较复杂，是一门技术，其漆膜坚硬，富有光泽，具有耐久性、耐磨性、耐热性、耐水性及优越的电绝缘性。这种高级涂料在当时很昂贵，且风行一时，许多大漆隔扇在百年之后仍锃亮如初，使人不得不叹服。

　　(2)格心加大和通透性加强

　　隔扇从结构上分格心和裙板两部分，年代较早的隔扇，格心部分占整个隔扇的比例大致为五比五。而天津隔扇的格心部分一般要占整个隔扇的十分之六，与裙板比例为六比四，有的甚至还要多一些。格心部分加大了比例，其实在增强着格扇的通透感，也是在加强格扇的装饰性。作为屋内使用的隔扇，格心部分加大，减弱了屋内的私密性，但也说明人们的开放意识在增强，这或许也是开明的一种体现吧。

为增强格扇的通透效果，天津还有一种格心一通到底的隔扇，被称作"落地明造"，天津原八大家卜家大院中有这样的隔扇。此宅拆除后，这批隔扇被笔者收藏，现装在重修后的杨柳青安家大院中，上下通透，花纹从天到地，颇觉壮观。

(3)图案简化洋化

天津隔扇对格心纹饰作了简化、抽象化，很少有把人物故事、戏曲场面搬到上面的，大多是正三角、套三角、四方、盘长、步步锦、套方锦、套环、人字、万字、龟背锦、六方、八方及八一交四方等纹。虽然这些纹样也使人眼花缭乱，但比起那些雕镂山水人物纹的格心来说，却另有一种舒朗大气。

这种格心纹也不等于简单，杨柳青安家大院装有一种隔扇，有木匠统计过，一扇隔扇是用六百多块木头拼成各色纹样的。负责拼装的木匠说，如现在再仿作，都十分困难。

天津隔扇上的民间纹样很多，几乎囊括全部。据统计，清代和民国以来，隔扇上的纹样有一两千种，应该说这还是不完全的统计。笔者近年与家人一起收藏天津隔扇、罩等，粗略统计，收有一百余种纹样的隔扇五六百扇。可以肯定地说，这仅是天津隔扇中很少的一部分。若对隔扇纹分类，有三角形、方形、圆形、多边形、字形、花草形、动物形、器物形、组合形及图腾形等。这些纹样以图形方式，顽强地保存、表现着华夏的文化基因。

格心纹简约的民国隔扇

(4)隔扇加宽和增高

由于洋楼出现，带动天津传统民居发生变化，房屋单间面积在增长。古时因受木材的限制，四合院房屋开间的大小有严格规定的，单间一般在10平方米至12平方米左右。由于洋房面积增长，民国时所建房屋的开间也开始增大，其进深由三米多增加到五米，房屋的高度也相应增高，使天津隔扇的尺码也变大了。

民国以来的建筑窗门

民国以来，房屋建筑的窗门采光越来越好，大多为全通透的玻璃门窗。下一层原为死窗，改良后为能开启的窗扇，但上面一层仍为支摘窗。

加宽的民国隔扇

典型的民国时期天津隔扇

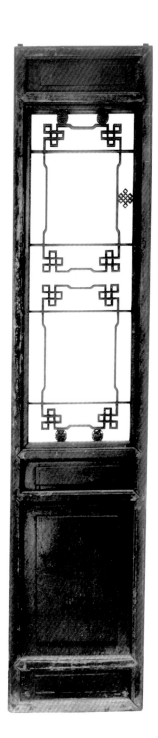

民国时期天津隔扇

　　民国时期天津隔扇更加注重采光,进一步加大了格心部分的通透性,将灯笼锦的灯笼框变直线为曲线,同时配卡子花,增加美感,寓意吉祥。卡子花图案有盘长、拐子纹、卷草纹、寿字等。

民国时期天津的隔扇

这一组隔扇的上下绦环板和下部的裙板部位都设计成为通透的图案,且每扇隔扇的图案至少由三四百块木头拼成。

步步锦样式棂花隔扇

步步锦样式棂花是一幅有规则的几何图案,主要由直棂和横棂组成。直棂与横棂独立地纵横着,各自端头逗着对方的中部与边部,形成丁字形状,直、横棂由外长而内短相逗形成一步步变化的图案,寓意事业成功,步步高升。

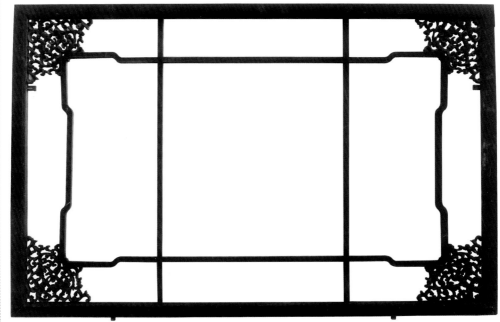

民国时期窗棂

　　因玻璃普及，窗户上
不必糊纸，窗棂图案以透
光为主，做工繁复的图案
放在窗框的四角。

灯笼框加方胜纹

　　图中四抹隔扇的格心是灯笼框加方胜图案，绦环板和裙板没有任何雕饰。

六、天津门窗隔扇上的"洋符号"

　　杨柳青年画有一幅叫《天津图》，描画出19世纪末天津的市容全貌。这幅纪实性的年画，忠实地再现了当年天津的"洋元素"，譬如紫竹林是一片租借地，布满洋建筑，而望海楼坐落在天津老城发祥地的三岔河口，这座青砖的法式建筑是一座教堂。此外，《天津图》还画有机器磨房和火轮车。这些西洋元素夹杂于城市各处，本土建筑肯定要受影响，所以天津老城厢中典型的四合院内，可以从门窗隔扇上找到许多"洋符号"。

1. 纺锤型旋木装饰

　　旋木告诉人们：这是用机器制作的木构件。这种纺锤式、方块纺锤式、方椎式等装饰形式，原本是英、法17世纪、18世纪流行家具的腿形，后来被人们移植到栏杆、围栏、门窗上。由于这是用机械生产方式"旋"出来的，不仅浑圆可爱，那由细渐粗的纺锤形状轻俏可人，洋气十足。像天津老城的徐家大楼二门门

杨柳青安家大院的门楼上有一排纺锤式装饰

云南明清民居建筑上的旋木栏杆

　　旋木式木柱是一个具有时代特征的洋符号,连云南建筑也如此。可见时尚会迅速流布全国。

民国家具上的洋符号

老天津小洋楼中的旋木楼梯栏杆

现存于天津五道口博物馆

楼，其横挂罩就是一排整整齐齐的纺锤式立柱，与上方的云纹角形的中国古典纹样形成对比。杨柳青安家大院的门楼，也是一排纺锤式装饰，其涂画的天蓝色至今依稀可见，由此可见这类"洋符号"已成为那一时期的时尚。

由于洋楼影响，原本是平房的四合院也向空中发展，如距离天后宫仅百米的袜子胡同有一幢华美的两层小楼，一改前廊后厦的传统做法，采用半圆券口的柱型廊，本应采用水泥或石栏杆，却用了旋木纺锤式木栏杆。这可谓西中有东，东里蕴西，说明在天津这座城市中，西洋建筑元素已悄然进入到建筑的各个角落。

建于明初的玉皇阁的清虚阁，二层四外迴廊环抱，其迴廊上的围栏是"宝瓶"形状，这是典型的中国元素，此与旋木纺锤式已相距甚远了。而估衣街上的"瑞昌祥"，其上的石栏杆已然西化。

2. 西洋花饰

天津租借地的建筑，从19世纪末出现以来，无时无刻不在影响着天津本土的时尚走向。门窗隔扇在通透性上做了大量的调整，原本已成为定式的步步锦、竖棂等图案

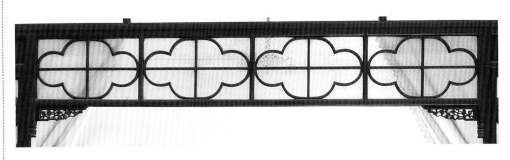

"十字海棠"挂罩

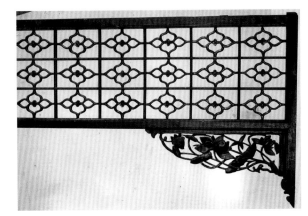

洋化了的挂罩

图案由"十字海棠"图案演变成"四瓣花"，下方是一丛荷花，别有一番大气。

老天津小洋楼门窗上的旋木装饰

　　宝瓶式旋木柱和大叶卷草纹是民国时期的洋符号,特征明显。现存于天津五道口博物馆。

第五章　解读门窗隔扇文化

天津洋楼中旋木栏杆

民国时期的靠背椅

　　椅子的两条前腿都是用旋木柱。现存于安家大院。

向简约方面改进，一些花饰也开始有了"洋化"的倾向。

中国传统的装饰图案多为牡丹、梅花、竹、菊等等，他们是装饰图案的主角，图案繁复，占满空间，极大影响了隔扇的通透性。

如本书128页有一张上横窗挂罩的照片（"十字海棠"挂罩），挂罩下方各有两组镂雕花饰，明显借鉴了西方的西番莲纹，是洋化的表现。进入民国以后，以前做工繁复的榇格纹不用了，一般简单的几何图形，成为民国"符号式"语言，正像这一件"十字海棠"上横窗挂罩。"十字海棠"纹不仅增加了通透性，还显示着"洋气"，与民国家具配置在一起很协调。

由于许多天津门窗隔扇的格心纹趋于简约和"洋气"，由此与北京、河北、山东及山西风格拉大了差异。这种差异，是审美的差异，用现在的语言讲，百年前的天津正在和西洋欧美时尚接轨，人们开始喜欢西洋花饰，于是天津的门窗隔扇也装进了以西洋花饰为特色的"洋符号"。像本书128页下面所示一件挂罩，是在"十字海棠"纹的基础上变化成"四瓣花"纹。"四瓣花"在中国古典图案中很少见，透着"洋气"。但挂罩下角的装饰花，仍然是中国的莲蓬荷花，说明并没有"全盘西化"。

3. 玻璃的介入

玻璃的介入对天津门窗隔扇的"洋化"起到绝定性的作用。玻璃其实不是舶来

天津庆王府雍容华贵的隔扇门上装饰着玻璃彩画

狮子林中的彩色玻璃窗

品，战国时已出现，西安曾出土过隋代的玻璃瓶，与现代的玻璃瓶在材质上没太大区别，但我国古代烧制玻璃的技术一向朝着珠饰方面发展，琉璃、料器都是易于加工制作的低温玻璃制品。

明朝开始，进口的眼镜、西洋镜、彩色玻璃等成为皇家贵胄的珍玩。清晚期，玻璃已开始在大城市普及，而此时，我国的中小城市和农村，隔扇还用纸糊以避风尘、挡寒凉，窗下偷窥还用舔破窗纸的办法。

上海、天津等沿海城市先享受了玻璃带给人的光明。门窗上安装了玻璃，采光和保温、防风的功能大大增加了。为让玻璃产生更大的通透效果，门窗隔扇棂格必须减量，最大限度地缩减体量，采用简单的图案。在天津，玻璃介入门窗隔扇不过十年二十年，就使纸糊的棂格门窗都改变为玻璃门窗。隔扇也一再扩大上方的透光部分，直至出现没有实木挡板的全通透隔扇。

隔扇上所用玻璃分为三种，一是全透明的；二是花玻璃、彩玻璃，既透光又有遮蔽性，还美观；三是在玻璃上彩绘，以达到装饰性目的。

七、凝固在门窗隔扇上的历史与民俗

有这样一种现象，一个地区与外界交流得越多，它自身固有的东西流失得就越多。反之，一个地区越闭塞，与外界的交流就少，甚至没有交流，于是就成为一种坚守，一种没有顺世风而变的坚守。

民俗风情的浓郁，源于这样的闭塞，于是就有了如此的坚守。在山东、山西农村，从房屋到门窗隔扇，透着明代以降的气息，这里让人感到时钟凝滞了两三百年。在福建、江西、云南的大山里，那里的民居乡祠、寺庙观阁、书院戏台、宫室司署、商铺驿站、桥廊碑亭、牌坊照壁、门楼城郭等，都让人恍如隔世。在这些地方，能让人读到书本以外的实物历史，在这些地方之外，许多旷世的工艺根本无法亲见亲历，这或许是传统文化的一种幸运。许多浓郁的民俗风情、曾经的时尚，都被镌刻在木石上，让我们用今天的眼光来解读。

然而，当外来文化铺天盖地而来时，这样的民俗色彩或被冲刷殆尽，或者被改良，变成另外的面孔出现，在上海、天津，这样的实例太多了。

上海浦东陆家嘴，大都市金融区的摩天大楼下，有一座古色古香的民宅——颍川小筑。这座名字中含有典故的建筑，却是一个非中非西的"怪物"。一座洋门，却被青砖勾白缝的墙体包裹着，上面分明是中国式的拱形砖券；隔扇是带有洋味的图案，过厅的门显然是被改良了的落地明罩；栏

民国时期屋顶上的西洋卷草纹和墩式球灯装饰

杆、挂落上下俱全，连接它们的立柱却是欧洲当年最时髦的旋木轴；那房山借鉴了徽式建筑，却装饰着卷草洋花饰和墩式圆球，下面紧接着又是一溜青瓦和带瓦当的滴水檐。这里的二楼是中国式装修，梁枋等处雕刻着整套的《三国演义》故事，但法国传统的百合花、郁金香、玫瑰等花饰，却随处展示在中国古老的木刻工艺中。

这就是一种交流中的流失，也是一种交流中的吸收。这是时代发展的无奈。再说天津，自1860年被迫开埠以后，九个国家相继在这里设立租界，其整体面积竟是旧城的八倍。东洋西洋在那个时代不是什么引进的问题，而是与我们毗邻而居，进逼到我们的家门口。他们的建筑小洋楼一座一座矗立着，上面的欧式门窗向我们展示着，在这样的情况下，我们会无动于衷吗？

20世纪初叶，西方文化在一些人眼中是先进，在天津旧城，当年年轻的李叔同（弘一法师）将自己四合院中的书房改为西式书房。天津的隔扇一改受北京、河北和山东的影响，将晚清时期的直棂式以及裙板雕花摒弃掉，产生了一批简洁大方又不失雅观的隔扇。

民俗是标志，也是一个民族和地区的基因，他很像一个人，不管他怎样"洋装穿在身"，不管他怎样染得金发飘逸，他骨子里还是"中国"。不可否认，在上世纪人们刚接触西方文化时，大家感到了他人本色彩的亲和，看到了其先进科技带来的便利，也体味到了西洋艺术的魅力。于是从那时起，天津已经向欧美时尚靠拢了。与解放初期的北京比较，北京很中国，天津很洋气，说这是一种流失，是对的；说这是一种借鉴，也是对的。但无论怎样"流失"，隔扇还是隔扇，民俗色彩顽强地坚守着。

首先是将隔扇的图案铺满地的装饰手法简化了。比如最常见的是将格心做成井字或其他简单形制，边缘放上"卡子花"或圆形或菱形，雕上梅

工字卧蚕步步锦隔扇

此隔扇的纹饰采用工字卧蚕步步锦，其形制从明代一直延续到今天。

几腿罩

　　此几腿罩的图案由蝙蝠纹、轱辘钱纹、盘长纹、葫芦纹组成,寓意福寿绵长、子孙兴旺、世世发财、万寿无疆。

兰竹菊、福寿字等,既不影响它的通透,又有极强的装饰性,祈福求吉祥的世俗心态得以充分表现。

　　民俗是顽强的草本植物,它会在各个时期的风霜雨雪中顽强地生存,强烈地表现出来,正像学人张亮采在《中国风俗史》中说的:

　　　　至有人类,则渐有群,而其群之多数人之性情、嗜好、言语、习惯常以累月经年,不知不觉,相演相嬗,成为一种之风俗。

　　人们在不知不觉地接受着、传承着,这就是风俗、民俗。

　　门窗隔扇上的民俗,最终都要落脚在造型艺术中,这些造型艺术成为人们祭奠先祖神灵、祈盼生殖繁衍、驱灾禳祸、祝福平安的"图腾",这些祥禽瑞兽,这些吉图福纹,伴随着华夏民族的一代又一代,有必要解读一下,识认一下,这也是相关收藏与鉴赏的必要知识。"图必有意,意必吉祥"其实不外乎是瑞兽祥禽、美木佳卉、寓意纹样、吉祥题材等,说到底许多图案都离不开这样的手法:象形、会意、谐音,以此构成图案的艺术语言和背后的吉瑞寓意,让人赏心悦目不说,还蕴含着美好的祝祷和吉祥的庇佑。

落地罩的局部

这是屋内落地罩上部的横罩部分,图案的寓意为"万寿无疆"。

几腿罩

几腿罩中间为盘长纹,两边配以回纹。

盘长纹图案

此罩采用盘长纹连缀起来,中间留有镜心的图案,既简单,又大方。

图案越到后世越简练，成为一种符号代码式。如"钱"纹，是把一圆一方套用在一起，人们一见此图案，立刻会想到金钱，联想到发财，联想到生活富足。所以说，隔扇门窗上的许多纹饰，包含着诸多理念，涵盖了美好、富庶、吉祥等诸多祈求。常见的图形有以下品类：

像三角形构成图案的：正三角、套三角、冰裂纹、直线波纹、菱纹；

像方形构成图案的：四方（方格、斜方格、豆腐块）、方胜、盘长、步步锦、席纹、灯笼锦（灯笼框）、风车纹、拐子锦、套方锦、一码三箭、三炷香、玻璃屉；

像圆形构成图案的：圆光（圆镜、月亮圆）、月牙、半圆、扇面、椭圆、球纹、套环、鳞纹、绳纹、古钱、轱辘钱、如意纹、云纹、汉瓦、曲线波纹；

像汉字构成图案的：十字、人字、万字、斜万字、万不断、寿字、圆寿字、喜字、福字、工字、亚字、井字、回字、天字、钥字；

像多边形构成图案的：五方（五角）、六方（六角）、八方（八角）。

以上是抽象的图案，还有具象的图案，像花草形，把海棠、梅花、雪花、葵花、石榴、桃、葫芦、松竹等变为图案；

千变万化的隔扇纹饰
隔扇的纹饰有时不是单一的，也不是一成不变的。图中隔扇纹饰就是在"步步锦"基础上变化出来的，其中巧妙地加入了回字纹和亚字纹。

有将器物作为图案的，如花瓶、花篮、如意、古玩、书案等；把动物作为图案的，像龙、草龙、夔龙、凤、夔凤、象、蝙蝠、蜘蛛、鱼、蝶、卧蚕、龟鹤等。

至于把以上这些组合起来成为图案的更是不胜枚举，像十字海棠、十字如意、八方交四方、四方间十字、盘长如意、如意灯笼锦等。由此构成大量的吉祥题材，支撑着民俗这方天地。还有用谐音、象形和会意组合成图形如，万福万寿（蝙蝠、寿字、卐字）、五福捧寿（蝙蝠加寿字，或寿字改为桃）、庆寿（磬加寿字）、长寿（绶带鸟加寿字）、万寿无疆（寿字加万字不断）、松鹤延年、岁寒三友（松竹梅，北方隔扇把它们缩成卡子花，放在隔心上）、四君子（梅兰竹菊）、龙凤呈祥、事事平安（柿子、花瓶、鹌鹑）、万事如意（万字、柿子如意或柿蒂纹）、四季平安（花瓶上插月季花）、岁岁平安（谷穗、花瓶）、五谷丰登（谷穗、蜜蜂、灯笼）、万象更新（象、万年青）、连年有余（莲花、鲇鱼）、喜上眉梢（喜鹊、梅花枝）、双喜临门（两只喜鹊）、喜从天降（蜘蛛）、夫妻恩爱（鸳鸯）、百年好合（鸳鸯、百合）、福禄寿（蝙蝠、鹿、桃）、榴开百子、子孙万代（葫芦、葡萄、丝瓜等缠枝植物）。

人物纹以八仙为多见，有直接用八仙形象为图案的，更多的是用八仙使用的八种器物（暗八仙）为图案，扇(汉钟离)、渔鼓(张果老)、花篮(韩湘子)、荷花(何仙姑)、笛子(蓝采和)、宝剑(吕洞宾)、葫芦(铁拐李)、云板(曹国舅)。

佛教题材有八宝（佛珠、方胜、磬、犀角、金钱、菱镜、书、艾叶）为图案的，还有八吉祥（法螺、法轮、雨伞、白盖、莲花、宝瓶、金鱼、盘长）。

由以上可以看出，隔扇、门窗使用的各种图案虽然很多，但可归纳为瑞兽祥禽、美木佳卉、寓意纹样和吉祥题材四类，现择要简介如下。

1. 瑞兽祥禽（动物类）

（1）龙纹

门窗隔扇等木雕图案中，龙纹是出现最多的，这种"角似鹿、头似驼、眼似鬼、颈似蛇、腹似蜃、鳞似鲤、爪似鹰、掌似虎、耳似牛"的想象动物，成为华夏民族的一个代码符号。在《礼记》中，麒麟、凤凰、龟、龙谓之四灵。龙的形态，除传统的行龙、云龙外，还有团龙、正龙、坐龙、升龙、降龙等；根据龙生九子的传说，龙的品种还有囚牛、睚眦、嘲风、蒲牢、狻猊、霸下、狴犴、负屃、螭吻。在不同时代的龙纹有各自特色，从龙纹的神态和外形可以作为判断雕刻年代的依据之一。

（2）凤纹

凤和龙一样也是人们想象中的动物。《说文》中说："凤，神鸟也，鸿前麐（麟）后，蛇颈鱼尾、鹳颡（额）鸳思（腮），龙文龟背，燕颌鸡喙，五色备举。"又是一种各类动物的"组合"。

木雕中有龙凤合雕的图案，也有以凤和凰成双构成的图案，还有和百鸟或牡丹合成图案的。

浮雕凤纹
为安家大院收藏的罗汉床靠背上的纹饰,神态、雕工极好。

（3）麒麟纹

麒麟是古代传说中的动物，亦作骐，一般作鹿状、独角、全身有鳞甲，尾像牛。性情温良，"不履（踩）生虫，不折（断）生草"，头上有角，角上有肉，"设武备而不用"，被认为是"仁兽"。但随着时代的推移，早期像鹿的麒麟，在宋代《营造法式》中，躯体变为狮、虎式的猛兽形。明清以后，麒麟作为木雕纹饰使用得越来越多，此时的头尾变成龙状，有的把蹄形也变为爪形。

（4）狮子纹

狮子纹为传统吉祥纹样。但我国古典的狮子形象不是现实中的狮子，《坤舆图》这样描述："狮为百兽王，诸兽见皆匿影。性最傲，遇者亟俯伏，虽饿亦不噬，又最有情，受人德必报。掷以球，则腾跳转弄不息。"古人认为狮子是兽中之王，可镇百兽。纹饰中的狮子有卷曲的鬣毛，威武的神态。除镇门的石狮外，木雕的柱头处常雕狮子为饰。

（5）龟纹

龟是四灵（龙凤龟麟）之一，据说"龙能变化，凤知治乱，龟兆吉凶，麟性仁厚"。龟至宋以后直接用作纹饰的不多，六角形格心被称为"龟背纹"，寓意吉祥。

（6）鹿纹

《抱朴子》云："鹿寿千岁，满五百岁则其色白。"鹿作为长寿的象征经常与鹤同时出现在木雕中。"鹿"与"禄"同音，又寓意高官厚禄，与福寿同时搭配出现时，为福禄寿纹。

（7）羊纹

羊，《说文》释为"祥也"。青铜器和瓦当中就有"大吉羊"字样。羊的形象成为吉祥的象征。

（8）鹤纹

鹤为羽族之长，地位仅次于凤。鹤传为长寿之仙禽，《淮南子》曰："鹤寿千岁，以极其游。"在木雕图案中，鹤与松在一起寓意为"鹤寿松龄"，鹤与鹿组合在一起，因"鹿""鹤"谐音"六合"，寓意为"六合同春"。

（9）蝙蝠纹

蝙蝠被古人视为神秘的动物，古书记载："千岁蝙蝠，色如白雪，集则倒悬，脑重故也。此物得而阴干，末服之，令人寿万岁。"其实真正的原因是"蝠"与"福"同音，致使蝙蝠成为吉祥物,在中国建筑中处处都有其身影。这种"蝙蝠"崇拜在世界上大概是独一无二的。

（10）喜鹊纹

蝙蝠因"蝠"得福，喜鹊因"喜"而喜。"易卦"称"鹊者，阳鸟，先物而动，先事而应"。后世有灵鹊报喜之说，听到喜鹊叫认为是喜兆。在大量的门窗隔扇中都有喜鹊这一题材，通常和梅在一起，喜鹊登梅，喜上梅（眉）梢。

（11）鸳鸯纹

鸳鸯历来在中国传统木雕图案中扮演重要角色，比喻夫妻恩爱婚姻美满。民间图案如荷花与鸳鸯，寓和美姻缘。荷花又名"芙蓉"，芙与福谐音，又喻福禄鸳鸯。

除以上之外，像蝴蝶、蜘蛛（又名蟢子）、蝉等均可作为吉祥物，与植物等搭配在一起，又衍生出各种吉祥的寓意。

2. 瑞木佳卉（植物类）

（1）牡丹纹

牡丹为花中之王，寓意富贵。在各类门窗花板、隔扇绦心板、裙板上，牡丹是重要的吉祥题材，多与凤凰组合在一起，寓意祥瑞、美好和富贵等。

（2）莲花纹

古名芙渠或芙蓉，现称荷花，常和鱼配成图案，寓意连年有鱼；鸳鸯荷花寓意鸳鸯喜荷（和）等。

（3）梅兰竹菊

梅瓣为五，民间借此表示五福，即福禄寿喜财；竹子有竹报平安之意；兰花历来为文人吟诗作画的题材，喻为君子；菊花是长寿之花。梅兰竹菊又被并称为四君子，因其寓意吉祥，成为长窗、挂落和落地罩上常见的雕刻花卉纹。

（4）石榴、葡萄、瓜瓞

石榴多子，寓意家庭人丁兴旺，俗称"榴开百子"，在各种透雕、浮雕图案中，石榴纹占了很大比重。葡萄纹寓意与此相同，只是葡萄是爬蔓植物，构图时更有一番缠绵之象，除多子外，更有绵延万代之意。瓜瓞纹亦同此意。

（5）佛手、桃

佛手谐音"福"，桃为寿，再加上石榴喻多子，佛手、桃、石榴合在一起的纹饰寓意"多福多寿多子"。有木雕将这三种果物作缠枝相连，代表"华封三祝"。

隔扇裙板上的浮雕动植物纹

此图案由牡丹和绶带鸟组成，名"富贵长寿"纹，其中的牡丹花纹寓意富贵，绶带鸟纹寓意长寿。

绦环板上分别雕着梅兰菊纹

（6）宝相花（八宝花）

是以牡丹、莲花为主体，中间嵌有花叶，在此基础上明代又在花上嵌镶佛教八宝纹：宝壶、宝伞、荷花、双鱼、法螺、天盖、法轮和八吉，故名八宝花。。

3. 寓意纹样

（1）卐字

这是隔扇门窗中最常见的装饰纹样之一，是祥瑞标志，其源于古代一种符咒、护符或宗教标志，通常被认为是太阳或火的象征。

卐字在梵文中称为Srivatsa（宝利鞑蹉），意为"吉祥之所集"。佛教认为它是释迦牟尼胸部所现的"瑞相"，用作"万德"吉祥的标志。唐朝武则天大周长寿二年，制订此字读为"万"。在民间的一些图案中，也有写成"卍"的。

（2）云纹

古代吉祥图案，在明代家具和隔扇门裙板上的浮雕图案中使用较多。云纹的形状随意而圆润，使图案产生灵动感。云纹象征高升和如意。有单独用的，有左右对称用的，有四个组合用的，称为"四合云纹"，有作如意状，称之为"如意云纹"。

（3）回纹

这是由陶器和青铜器上的雷纹衍化而来的几何纹样，寓意吉利深长。苏州民间称之为"富贵不断头"。回纹图案应用极广，其作为边饰和底纹几乎成为"中国"的符号，在门窗隔扇中被大量使用，成为一种不可或缺的"中国装饰"图纹。

（4）方胜纹

由两个菱形压角相叠组成的图案或纹样。"胜"原为古代神话中"西王母"所戴的发饰，古时作为祥瑞之物，广泛用于各种装饰上，尤其是明清以来，成为最常见的吉祥纹饰之一，在家具和门窗隔扇上屡屡可见。

"卐"字纹隔扇门

"卐"字棂花是能一笔写到底的图案。卐字纹四端伸出，连续反复，寓意万事吉祥，万寿无疆。长脚卐字，寓意富贵不断。

（5）八吉纹（盘长纹）

指外廓菱形作直线套接的几何图案，由模拟绳线编结而来，为一条线的盘曲连接，无头无尾无终无止，故又称为"盘长"或"盘肠"。

在佛教中为寺僧供奉的八种法物之一，表示"回环贯彻，一切通明"的意思。大至建筑窗格，小至佩饰须带，都做成盘曲连环的八吉样式。

（6）如意纹

如意系指一种器物，柄端作手指形，用以搔痒，可如人意，因而得名。按如意形做成的如意纹样，借喻"称心"、"如意"，在一些隔扇门的裙板上，与戟、磬组合，寓意吉庆如意，与牡丹组合，寓意富贵如意。

（7）冰锭纹（冰裂纹）

一种类似冰被打破形成的自然纹理，是由斜木攒起的图案。这类图案在门窗隔扇、栏杆上广泛使用。

（8）灵芝纹

灵芝，菌类植物，也被称之为灵草。古人认为芝是仙草，故称灵芝。班固《西都赋》云："灵草冬荣，神木丛生。"由此灵芝作为带有仙气的植物，成为吉祥纹饰，应用在各种家具和门窗隔扇上。

四合云纹

回字纹

最早发现于仰韶文化的陶器上，广泛用于古代器物装饰。此图为侧面采用回纹结构的清代苏作家具，不仅富有装饰性，而且寓意吉祥。

如意纹

安家大院所藏红木茶几上的纹饰，为两个如意纹相交而成。

（9）元宝纹

一种类似元宝的纹样，有招财进宝的吉祥寓意。

（10）寿字纹

以篆体的寿字作为纹饰。由于寿字的变体极多，南宋时就有人在山岩上刻百寿字，明正德年间昆明赵壁编百寿字书，近年来有人专门搜集各种寿字，竟达上万种。寿字在门窗隔扇上已成为一种吉祥符号，和蝙蝠配在一起构成"福寿"图案。

（11）钱纹

用圆套方的形式构成外圆内方的钱形图案，以此来象征富有和招财进宝。

4. 吉祥题材

（1）一多十余

木雕图案中有一鹭食鱼图，以"鹭"谐音"多"，"鱼"谐音"余"，象征多福多余之意。

（2）三阳开泰

旧时以三阳开泰、三阳交泰为一年开头的吉祥语。吉祥图案以羊寓阳，三只羊代表三阳，与日纹及风景组成纹样，在石、砖、木雕中经常可见。

（3）四季花开

以水仙、荷花、菊花、梅花四季花组成图案，代表一年四季，如再配上花

寿字纹

　　寿字纹有几种,如左图为圆寿字纹,右上图为长寿字纹,这种利用字体或字形来加强吉祥寓意的做法,是很巧妙的。

瓶,则是四季平安的吉祥祝福。

　　(4)五福捧寿

　　中国历来有五福之说,一曰寿,二曰富,三曰康宁,四曰修好德,五曰考终命。这五福以"寿"为中心,故用五只蝙蝠把一寿字围在圆心,是民间流传极广的吉祥图案。

　　(5)六合同春(鹿鹤同春)

　　六合是指天地东西南北,泛指天下。六合同春是天下皆春,万物欣欣向荣之意,寓家庭兴旺。鹿鹤谐音六合,"春"的寓意则取花卉、松树、椿树等来表达,以此组成六合同春的图案,这种图案在木雕中亦属常见。

　　(6)喜上眉梢(喜鹊登梅)

　　喜鹊在民间有报喜一说,故被人所喜爱。喜鹊站在梅花枝梢,组成"喜上眉梢"图案,也叫做喜鹊登梅。

　　(7)耄耋富贵

　　耄为八九十岁,耋指七八十岁,耄耋指高龄寿者。耄谐音猫,耋谐音蝶,牡丹寓意为富贵,三者组成图案便是耄耋富贵,取长寿富贵的吉祥之意。

　　(8)福寿双全

　　"人有寿,然后能享诸福。"古人以蝙蝠、桃和双钱(钱又称为泉)组成吉祥图案,意为福寿双全。

（9）并蒂同心

并蒂莲又称并头莲，为荷花的一个品种，花头瓣化，并分离为两个头，而似一梗两花。以此作为木雕图案，比喻夫妻恩爱、形影不离、白头偕老。

（9）万事如意

以"卍"字和如意（灵芝）组合在一起。"卍"字常常作背景纹饰，用如意为雕饰。此外，如意和花瓶组成"平安如意"，与柿子组成事事如意，与荷花、盒子组成和合如意等吉祥图案。

（10）太师少师

狮子本是威武象征，镇宅护院用，但用在木雕饰物的时候，大多寓意为做官。狮谐音师，大狮子寓太师、小狮子寓少师，太师少师是古代官位很高的职衔。把大狮小狮组成图案，象征高官厚禄代代承袭。

（11）莲花一茎

莲谐音廉，为官清廉是人们心目中很高洁的一件事。木雕中一枝莲和茎挺立，寓意为"一品清廉"。

太师少师纹

此为安家大院所藏红木太师椅靠背上的纹饰，一大师正回头招呼两头小狮，此即"带子上朝"，有官运亨通、世代任高的吉祥寓意。

第六章　古典门窗隔扇收藏

一、古典门窗隔扇收藏

记得作家冯骥才说过一个很精辟的道理，他说旧物市场从出现到现在，从卖的旧物上可以看到这样一个规律，一开始是卖箱奁柜子里面的东西，后来开始卖箱柜等家具，及到市场上看到旧门窗隔扇，就知道老屋开始拆了，将没有什么可卖了。

门窗隔扇收藏得益于老城大规模的改造，得益于建大广场、修大马路、盖大高楼这股风。这让人想起这样一句诗："江山不幸才人幸。"天下动荡，兵燹四起，民不聊生，此时才子会有很好抒写题材。可是，谁愿意当这样的"才子"呢？这是一种无奈，同时也是为了在老城"连根拔"的时候，为消失的建筑保留那么一点点的只鳞片甲。

过去，门窗基本够不上艺术收藏品，除非博物馆展览馆什么的，收藏一两件门窗作为展示。门窗的生命与房屋共生，当房子拆掉时，门窗就是一堆既脏且旧的木头，由于多年的风吹日晒雨淋，木头早已没了"油性"，连当劈柴烧火都不行。然而，门窗确实镌刻着历史，是中国古建筑的一部分，但房屋从地面上消失以后，如果没有人收藏，古代门窗很快就会消失，甚至不留一丝痕迹。

隔扇可以作为收藏品，皆因其自身保留着值得珍藏的艺术。隔扇是木建筑的幕墙，它打破砖石的厚重封闭与呆板，添加了空灵剔透的虚化成分。

近年来，天津四合院最集中的地区老城厢改造了，那些多年藏身深宅大院的门窗隔扇槛罩等，一下子涌到旧物市场或破烂市场上，当年集主人、工匠心血智慧的木作，一下子成了一堆烂木头，细心人却从中发现，原来我们的门窗隔扇竟有那么多的样式。日本人伊东忠太在其著的《中国建筑史》中说：

> 世界无论何国，装修变化之多，未有如中国建筑者。兹试举二三例于下：先就窗言之，第一为窗之外形，其格式殆不可数计。日本之窗，普通为方形，至圆形与花形则甚少。欧罗巴亦为方形，不过有圆头或尖头等少数种类耳。而中国有不能想象之变化。方形之外，有圆形、椭圆形、木瓜形、花形、扇形、瓢形、重松盖形、心脏形、横披形、多角形、壶形等……余曾搜集中国窗之格棂种类观之，仅一小地方，旅行

一二月，已得三百种以上之种类。若调查全中国，其数当达数千矣。

这位日本人是颇具慧眼的，他发现中国窗户仅形状就多得不可胜数，其实早有人统计过，仅苏州一带的窗形即达千种以上。这位日本人谈到中国窗之格棂，其实这大都属于隔扇的范畴了。为什么说隔扇可以作为单项收藏，其原因正在于此。

隔扇是由外框和格心、裙板、绦环板组成的，且不说裙板和绦环板的雕刻，只说格心的花纹花饰就千姿百态、万种风情，谁能统计得清？从20世纪90年代开始，天津逐步在拆旧城的四合院，笔者和爱人发现了这一新大陆，收藏门窗隔扇近千扇，样式在一百五十种以上，上面的木饰木雕都非常漂亮。我们收藏的门窗隔扇，对天津的整个隔扇来说如九牛一毛，但从这里能看出隔扇是中国木工工匠们用心使巧之所在。

隔扇像家具有高中低档一样，有优劣之分、俗雅之分，和家具一样，也是要看样式、看品相、看木质，看清这三点，隔扇的优劣就知晓了。

1.样式做工

样式是收藏隔扇的第一要点，无论是哪一地区的隔扇都有它自身的特点，特别大众化的，遍地都是的样式就不必收藏，既然收藏就要找样式上有独到之处的。

正如前面说的，隔扇的样式太多了，但经过比较就能看出俗雅来。先从高度来判断，如果这隔扇仅高一米八到两米，其格心是很普通的方格或横方，这类隔扇出自一般的人家，是小四合院里的东西。如果隔扇很高，一般大宅门的隔扇均在二米五上下，最高的可达三米一，再加上上面的横窗，室内净高可达四米，这样的高度肯定是豪宅，其中的隔扇无论是木质还是做工肯定是一流的。为什么这样说，从明清直到民国，建屋造宅都是个人的事，而且是"千秋万代"荫及子孙的事，一旦有钱准建宅院，而且处处精心，绝无一处马虎。

豪宅很像一个人，穿戴的讲究和时尚是总体的，而非是局部的，从首饰到服装，从提包到腰带，无一处不高档时尚，豪宅也是如此。苏州的园林、北京的王府、天津的小洋楼，一砖一瓦、一木一石，总体水平肯定是高档的。笔者曾收藏一组天津原八大家之一的卞家大院中的隔扇，共有二三十扇，高二米八，框厚

四联云纹隔扇

达五厘米，用料硕大，是格心一通到底的落地明造，格心图案为六星通连式，既气派又大方。仔细看木质，为楸木，再看做工，都是卯榫相接，无一个钉子，在任何接口处很少看到缝隙。中国人自古建房就有攀比心理，都想一攀二比三超，比如打听到他家请了某地的顶级工匠，自家必须再找更好的工匠，而且要不惜工本的。在天津，某八大家之一建宅院时，全套的门窗隔扇几十名木匠用了一年的时间，最后验活时主家专拣背面和不易看到的地方摸，摸出一点毛刺来立刻返工。

门窗隔扇是宅院园林的重要部分，是砖墙屋脊之外的木结构，中国的古典建筑，一进到厅堂等于走进一个"木世界"。如江浙一带园林中的鸳鸯厅，为左右对称的两个大厅，上方是梁柁，纵横交错重重叠叠，整个空间对称分为两部分，采用屏风、罩、隔扇分隔。梁架一面用稍扁的形状，一面用圆圆的形状，既有区别，在风格上又有统一之处。一厅两隔又似两厅合一，配上硬木家具。两个厅的门窗隔扇格心图案各异、窗牖形状不同，这样的"木艺"空间让人感到优雅、豪华，处处透着讲究。

隔扇各地有各地的风格。像福建一带，隔扇的民俗气息很浓，更

四抹隔扇门

图片上的四抹隔扇门，裙板为通透型，图案由一色的斜方格组成，看上去简单、大方。

151

寿字卐纹隔扇

· 此隔扇的格心是"卐"字棂花图案,图案中间是一个"寿"字。寓意为万事吉祥,万寿无疆。

斜方锦纹隔扇

斜方锦纹又称斜方格纹,网纹,这是由两斜棂相交后组成的一幅菱格形图锦,寓意获取财富。

葵心拐子纹隔扇

　　此隔扇是由拐子纹组成的图案。拐子纹是将龙的图形加以变化而形成的一种龙形图案，是由龙头和横纵曲折的几何纹或卷草纹组成，名曰拐子，因"拐"与"贵"谐音，寓意子孙昌盛，安宁与富贵。

四钱联套纹隔扇

具有地方特色。其裙板和绦心板上刻画的各种戏曲典故故事，是一种道德教化，是一种人格向往。对收藏家和研究者而言，根据当地的地方戏及各类方志，就可以查到许多藏在门窗隔扇里的故事，肯定底蕴深厚、优雅感人。一旦在木头里找出文化，这隔扇就有了生命力，就有了曾经的鲜活与动人。

隔扇的收藏，其实是收藏一种样式，一种做工，各地有各地的特色风格，只要是样式好做工精，就值得收藏，更重要的是收藏了一种文化。

2.品相

隔扇的外表即品相十分重要。品相的概念有三条：一是周身完整无缺损，二是漆皮干净包浆好，三是不开不裂。

俗话说，货卖一张皮，所谓品相，就是这张"皮"，就是人眼所能见的外表。要说隔扇不是承重受力的物件，立在那里若得到擦拭呵护，品相会很好。事实并不尽然。本来是豪宅，是豪富一家人所居，但随着时代的变迁，或充公成为办公地，或杂居成为大杂院，院内乱搭乱盖，屋内乱拆乱改，此时的门窗隔扇首当其冲遭受劫难。凡流入市场的隔扇，由于多年没有油漆描彩的，一副脏兮兮的破败之相。许多原本珍贵的门窗隔扇，就这样被毁了。

许多收藏爱好者都有一个误区，认为凡是老的旧的东西都尘封土埋的，这种意识旁及收藏的各个门类，这是一些人缺乏"新工作旧"知识的表现。曾有人拿来一官窑观音瓶，瓶形和彩绘还真不错，只是通体的油污灰尘让人一看就是"新工仿旧"。试想一想，官窑瓷器流入民间，或皇上赏赐或家传，皆属宝物，谁能把宝物弄得这般灰头土脸的？真正有品位、高路的藏品，一定是"雪白干净"的。隔扇应该也是这样。

在旧物市场曾看到过四扇楠木隔扇，上有横窗，品相极佳，从外表的包浆到上面原配的铜饰都非常完整。这隔扇高近三米，满工，据说出自北京某王府。这样的隔扇从它的品相上看就出身高贵，不是一般人家中所能消受得起的。收藏隔扇还有一点要切记，尽量问清它出自什么地方，曾经是谁的名宅。倘是出自"名门"，那身价就不一般了。

天津隔扇大多是上大漆的，保存好的虽百年老物，依然棕红，光亮如新。徽派隔扇喜描金填彩，至今一二百年无人填描，显得斑驳老旧，这也是一种品相。至于江南一带的园林内隔扇出现的黑红，是年代累积出的品相。这些轻易都不要

清代隔扇

　　图案均匀分布,格心与绦环板、裙板的比例接近5:5,是清代隔扇的特点。

去动，保留这层岁月赐予的"品相"，就是价值。曾有这样的一个旧物店，隔扇无论什么"品相"，到他手里都要重新用脱漆剂脱漆，脱掉漆后黄黄的木头遍身的毛刺，再刷上什么样的漆也不顺眼。这些亟待注意的，切莫做给旧钢琴、名小提琴重新打磨再上漆的蠢事。

隔扇因年代久远，失了鳔走了胶，榫卯松动，一些格心的装饰容易"失群"，那些掉下来的小木件一定要收好，如丢失再配是件很麻烦的事，再说也配不合适。只要有原件在，是很好修的。越是这样的隔扇很可能藏着"稀有"品类，在价格上还会给人以惊喜。

3.木质

隔扇的木质决定隔扇的价值。由于门窗、隔扇在建筑中用量很大，所以不像家具用料，有黄花梨、紫檀、红木等高级木料，至今见到的门窗用料基本是松、柞、楸、樟、柏等木料。因为门窗多是活动部件，用太重的木质不易开启，再有就是在古建筑中门窗隔扇用量太大，一般的富人也用不起，据说天津的实业家孙震方故居，室内装饰全为硬木，但这仅是特例。隔扇在南方有大量的雕工在其上，一般都属观赏性质，不受力不承重，大都用软木、白木来完成，像松、樟、椴、榉类居多，最好的隔扇用木是楠木、柚木，至于有用红木、花梨木做花纹或贴皮，仅是一种点缀而已。

（1）松木

松木分为红松、白松、马尾松、落叶松等，马尾松和落叶松较硬且容易翘裂，做门窗隔扇较少，而用白松和红松的较多。

红松的边材为浅驼色带黄白，常见青皮，心材为黄褐色微带肉红，故有红松之称。年轮分界明显，木质浅细，性质轻软，力学强度适中。纹理直，结构中等，干燥性能良好，耐水耐腐，加工性能良好，切削出来的平面光滑，着色、胶接和油漆等均好，所以门窗隔扇松木的用量最大，从木材的价格上说也比其他木材低廉。在隔扇旧物市场的交易中，因其比较普遍，价格相对也低一些。

（2）楸木

楸木和核桃楸一般人统称为楸木，市场上凡楸木门窗隔扇大多是核桃楸。楸木在北方用量很大，尤其在家具上可以称冠，许多民间家具都是楸木的，用在门窗隔扇上比松木显得硬实，光洁度更高。楸木的心材淡褐至灰褐色，稍带绿。

民国时期隔扇

　　以几何纹为主,形制大致相似,图案各有变化,多为松木和椴木所制,是民国时期隔扇的特点。

木材重量及硬度中等，结构略粗，纹理直或略倾斜，无特殊味，刨面光滑且具光泽，吸湿性低，干后稳定性佳，天然耐腐力强，少见翘裂弊病。木质虽硬，但加工不困难，锯刨旋切、钻孔、钉钉，性能均佳，适于作面材，不适作家具的腿脚材料。楸木隔扇在裙板、绦环板上加工能出现好的效果。

（3）榆木

榆木是北方主要用材，其木材特征是材质较硬，力学强度较高，耐磨，但结构粗，木质纹理大，易翘裂韧性大，弯曲性能好，属于经济类用料。山东、山西一带门窗、隔扇多为榆木，其样式民俗气息浓，地方色彩明显。

（4）柏木

柏木产于我国长江流域及以南地区，是石灰岩山地造林树种，生长颇快。木材呈淡黄褐色，纹理细致有芳香，供建筑、造船、家具用。由于柏木纹理细密且有一定重量，是制作板门的上佳木材。"柏木门"在北方是一种讲究的门，在南方有许多隔扇用柏木制作，属较高档材质。

（5）椴木

椴木为黄白色，略轻软，纹理通直，结构较细，有绢丝光泽，有柔软感。木材锯解、旋切、钻孔、开榫、钉着、胶接、油漆、着色等性能良好。椴木是普通木材，材色较浅，空隙较大，容易染色或漂白，干后不变形开裂。缺点是硬度稍低，不耐磨，不太抗碰、抗压。这种材质正好用于制作隔扇。现存隔扇有不少是椴木所制。

（6）楠木

楠一作"枏"，也作"柟"，生在南方，树干甚端伟，高者十余丈，巨者数十围，木材坚密，纹理细腻，且有芳香，历来就是制作高档家具的良材。楠木门窗、隔扇不仅是一种讲究，而且是一种奢侈。在当今的旧物市场上，时而会发现楠木的窗扇、隔扇。判断楠木，一要看它的重量，其重量要高过椴木、榉木；二要看它的纹理，其纹理十分细密，且分布均匀，用手摸有既滑且润的感觉；三要闻一闻，楠木有淡淡的芳香，用刀刮出木屑，其味就有飘出。凡楠木木作，做工一般会很精致，正像做衣服，这衣料上佳连裁缝也会倍加爱惜。楠木隔扇属稀有品种，见到勿要放过。

（7）柚木

一说到柚木，许多人感到陌生。柚木原产于印度、印度尼西亚、缅甸等地，为世界著名用材树种之一。《不列颠百科全书》这样解释：

马鞭草科落叶乔木。最名贵的木材之一，在印度应用已有两千年以上的历史……

柚木的经济价值很高，主要是因其耐久，印度和缅甸数百年前的古建筑中的柚木梁至今仍完好无损，有些宫殿庙宇中的柚木梁甚至超过千年。这种木材在有覆盖的条件下几乎是不朽的。柚木用于制造船、高级家具、门窗框架、码头、桥梁、地板、百叶窗等。柚木的稳定性极为良好，重量和硬度适中，材质坚固。还需要说明的是，柚木在20世纪初叶的价值与红木相等，在今天的国际木材市场上，其价格略高于红木。

为什么这样隆重推出柚木呢？因为当时天津受西方审美影响，有一批家具、门窗、隔扇乃至地板是用柚木制作的。柚木的纹理比较明显，分布均匀且美观，其硬度较高，但又不属于红木的那种脆硬，是硬中带有柔润的感觉。在天津旧物市场上时而可见柚木的门窗隔扇，但这样的东西多出自小洋楼，格心部分简约，虽样式洋味十足，但仍有许多中国的基因在其中，也是一种不可多得的品类。

除以上木种外，门窗隔扇还有采用柞木、柳木、榉木、樟木等制作的，除楠木、柚木属高档的木质，红松、白松、榆木属较低档次外，其他木种均不分上下。

民国时期柚木书房家具

二、现代家居与古典隔扇配伍

1."背景有约"的实用派

一位朋友酷喜中国古典式家具,一天对笔者说,家具买到家摆放,怎么不如在家具卖场那么有效果呢?经过实地一看,我告诉他说,你家中缺几件老隔扇,中国家具摆放必须要有背景,这种互融达到的是互美。后他将书房隔断换成隔扇墙,几件古典家具摆放在那,真可谓"蓬荜生辉"。

任何物件不是独立存在的,但也不是随意乱摆放的。在许多旅游景点的展室中,就能看到这样的乱摆乱放。比如在山西,那里的家具依然沿袭明代的形制,民俗味浓、乡土气息重,如果把这样的家具摆在江南园林中,与那里的门窗隔扇毫不匹配,这就像中药药方,药有配伍,君臣佐使相互协调,若把"十八反"的药放在一起,不仅不治病还会吃死人。门窗隔扇和家具也是同一道理。

中国的古典家具通体是中国的基因,门窗隔扇是中国传统建筑的一部分,二者一个是立面,像背景墙,一个是实物的空间,二者必须相互照应,色彩形制必须谐调,这其中有文化问题,有审美问题,更有品位问题。江南园林之所以受到世界建筑家的推崇,就是园艺家们运用中国的文化符号,把建筑、园林、门窗隔扇、家具变成高高低低长长短短的音符,演奏着一阕优雅和谐的古典乐曲。

(1)背景墙式

现代家居装修,在客厅的正中位置大都设置一面"背景墙",这个背景墙是人面对着一个正面的立面墙体,是客厅最重要的装饰部分,目的就是用这面墙改变客厅总体的视觉效果,体现一个主题:要用它来展示房主人的审美情趣,也用它来说明房主人的或阔绰或高雅的情调。之所以这么重视"背景墙",也从一个侧面告诉人们,"背景"不是可有可无,也不是可好可劣,而是必须要有,必须要好。

"背景"真的这么重要么?答曰:重要。

背景能改变视觉。中国人从来讲究背景,讲究"立面布置"的。在旧时,四合院一明两暗的房间,迎面中间的房屋其正面那面墙是要精心布置的,即使是一般家庭也是如此。

正面墙要用四条屏(四季山水或四时花卉)张挂,也有再配一副对联成六条屏

这面背景墙是中国式

用中国式屏风装点西式房间

的，还有用"靠山镜"，即四个镜框组成，一大中堂，上有横镜，两侧有对联。下面再摆条案，有帽镜、对瓶、帽筒等。这些形成了八仙桌前两把太师椅后面的"背景"。在电视剧中，这样的背景一出现，就有了清代民国的"氛围"了。

其实，许多现代家庭都辟出一间屋来做书房，书房内喜欢摆上几件古典硬木家具，此时一定要做"背景"，最省事的背景就是放上几扇隔扇当"背景墙"。记得一位朋友说，他的书房怎么布置也没古典韵味，于是帮他花2000元买了四扇旧隔扇，重新打磨上漆，并排立在那，又在上方挂了一块木匾，刻上他的斋号，再在前面摆上原来的圈椅和几案，古韵扑面而来。如客厅进深宽，可以把隔扇前移，就像旧时过堂门那样，不仅后面甩出空间放东西，其凸出后愈显得有如3D电影，有了三维的"逼真感"。

还可以把一面墙完全变成隔扇墙，将其中的几扇变成推拉门，这样就更自然且巧妙利用空间了。

用中国画装点西式房间。

（2）玄关式

玄关开始被人重视了，把它列为风水的重要位置，凡"关"比门更厚重，似有沉重之感。李白有诗云："仰天大笑出门去，我辈岂是蓬蒿人。"很轻松。而王之涣的"春风不度玉门关"，王维的"西出阳关无故人"，就沉重多了，多了许多命运的感触、时空的沧桑。

玄关是进入房间向屋内过渡的一个"准房间"，是一进门换鞋脱外衣的地方。这里如用古典式隔扇、挂吊、方窗来装饰，马上会起到改变"情调"之效。

人的第一感觉很重要，玄关是让人推门后感受的第一个空间，如果你的房间有古典硬木家具的陈设，建议一定要在此处加入"传统元素"，假如你把此处装点得很现代很时尚，就和古典家具"互夺"，让人产生不伦不类之感。曾见过有人将玄关处的"天花板"变成古典隔扇窗，抬眼望去，图案吉祥，色调沉稳，配上一古典鞋柜、衣架，颇感雅致。由此进入古色古香的客厅，愈显此房主人典雅，品位非同一般。玄关的布置，起到了逐步引申的作用。

一组仿古家具用隔断增加氛围.

（3）花罩成门式

挂落、罩挂在屋顶，使之横向切割，形成另外一个空间，如横罩下两侧立隔

隔断和仿古家具的运用

扇，就形成了一个似断非断、形断意不断的另一空间，说白了，这是一种没有门的直通房，只起到视觉上的"割断"，在中国古典建筑中，属为"室内花罩"。我们不妨用这样的方法增加室内的古典气息。

若说背景墙是一种隔扇后置法，那么花罩就是隔扇前移法，把隔扇提到前面，颇像拔步床的"前脸"部分。这种利用隔扇、花罩的方法，特别突出古典气息。现在的房屋，客厅有的达几十平方米，甚至更大。这样的面积，人活动其间感觉空旷，不拢气。按风水角度讲，屋大人少，非吉相也。用这种方法切割一下，变大为小，变一为二，不仅增加了房间，还能起到装饰效果。在这些方面，人们颇有才智，如用八宝格立在两侧，似空非空。这种以家具代隔扇的方法实在高明，它随时可以移动，可分可合，可大可小，是一堵可移动可拆装的"墙"。还有的变成推拉门式，变成可装可拆的门板式，各种奇思妙造，让人叹为观止，真可谓"各村有各村的高招"。

"背景有约"显示的是古典元素的立面，利用房间的立面增加视觉立体三维空间。在当今家庭装修中，大都趋向于"宾馆酒店"化，不是说这样做不好，只是觉得这样做后缺失了家庭温馨的韵味。什么是家庭？家庭是人工作以外的全部，可宾馆饭

条案、太师椅和中堂画营造出古典气氛

店只有住宿的功能。而"背景有约"就是将生活气息植于房间内。古典隔扇门窗上承载了大量符号化的吉祥图案和传统文化基因，其装饰效果已在华夏文明中屹立了一两千年，将之拿过来，为当今服务，仍然是一种鲜活，一种新异，一种大气的端庄与高贵，不是吗？

2. "古典无敌"收藏派

古典能走到今天，必然是一种经典，经典常常是时尚的摹本，所以时尚又是复归。在家庭装修中，不可阻挡的古典一派，作为前卫的时尚受到人们的追捧。

在中国大都市的家具卖场中，有不可或缺的一项，就是隔扇和单窗。在楼房越建越欧式的今天，古典门窗、隔扇像符号，排列在越来越洋化的居室中，它们和三四百年毫无更改的条案、圈椅、茶几、字台一起，成为带着某种奢侈的时尚。可以这样说：经典，永不贬值的时尚。

何为经典？经典是不受潮流时风左右的"定型产品"，是永不落伍永不贬值的时尚。在北京潘家园旧物市场，有好大一片专营古典门窗隔扇的店铺。这些都是按古典样式新仿做的，由于电脑雕刻的介入，大大提高了木板雕刻的时效，在这里雕工缛繁的徽、闽门窗隔扇大行其道。人们穿行其中，会感觉进入时光隧道，回到了明清时代。

另一方面就是，真正清代、民国时期的隔扇越来越少。一个是新的越来越多，一个是老的越来越少，这巨大的剪刀差会形成另一种局面：新的因其多而逐步降价，旧的因其少而逐渐升值。这是市场决定的，非人力所能为。

老隔扇开始并不被人所看重，因为它毕竟不是家具，门窗隔扇是建筑"部件"。在现代装修

搭建古典式门楼衬托仿古家具

中国古代木匾的冲击力，在这里尤其大

中，人们逐步明白了一个道理，重装修轻装饰是初始阶段，把精力和财力集中到墙体上，致使许多柜橱的功能和墙连在一起，及到换房搬家才发现，贴在墙上的拆下来只是一堆木头，一文不值。能搬走的才叫家具。

旧建筑的门窗隔扇之所以拆下来仍具备价值，源于三点：一是年代累积的文物价值，二是材质的价值，三是做工的价值。

门窗隔扇自身的文物价值，因产地、年代和出自什么府第而自有它本身的价格，此不必赘叙。仅从材质来说，为什么明代的家具动辄上百万一件？其上好的材质是原因之一。材质应该是老门窗隔扇价值不灭的恒定因素。比如说黄花梨，其木质呈棕黄色或棕红色，华贵而富有耐性，不易开裂不易变形，便于造型利于雕刻。紫檀也是如此，材质坚硬纹理缜密。所以有这么一句话：工欲善其事，必先利其器；家具欲高档，必先良其材。材质是决定一件木器优劣的首要条件。

在现代家具卖场上，"实木"是第一卖点。所谓实木就是实实在在的木头，而不是高密度板贴皮子类的"假木"。老门窗隔扇确实是实实在在的木头，而且是比较好的木头。好木头是可以延年的，不仅禁得住风吹雨淋，而且在光洁度和漆的胶合方面都好，所以说，好的木质是延年第一要素。从隔扇的材质来看，雕工较为繁复的，木质一般较软，易于雕刻，再有隔扇没有承重，也不像家具必须耐磨，一般的木质完全可以达到预期效果，所以隔扇很少用高档的材质制作，即使是"一般"材质，在当今已经属于上好的实木了，像榉木、椴木等已经很让商家在那吹嘘一阵了。

还有就是做工的精细。门窗隔扇在做工上属于小木作，小木作要近看效果，相对来说是比较精细的。曾在上海新天地的一座旧楼里，看到一组隔扇门，有人说是这座楼旧有的，也有人说是从别处买来安装在这里的。一看就是江浙一带园林风格的隔扇门，雕工精细，裙板上不仅有图案还刻有书法。像这样精细的隔扇门即使没地方用，放在哪里都是一件艺术品。

隔扇有许多是精工细做的，各种图案美不胜收，一看就是一件精品。人们对于这些"美"的东西，不会像对待破门窗那样随意扔掉的。随着旧货的逐步减少，一些材质好做工精的隔扇门、窗被沉淀下来，在那待价而沽。20世纪90年代，完整的有做工的隔扇一件只几十元，上好的二三百元一扇，如今的市场正好翻了十倍。普普通通的隔扇五六百元，上好的隔扇要两三千元一扇是很合理的价格。

新的隔扇门窗正在大量的仿做，从中可以看到市场的需求。仿制品有一个令人欣喜的现象，那就是做工一年比一年好。样式的选择、花饰的雕镂和木材的使用和前些年不能同日而语。厂家在雕镂工艺方面不厌其繁，隔扇门窗从天到地无一处无工，图案穿枝过梗、衔环绕须，让人眼花缭乱，透雕、浮雕、圆雕动用了全部手段，真真让人体会到盛世繁华的奢靡。这样的隔扇门窗作为居室的立面装饰，再配上现代仿制的遍体雕龙刻凤的古典家具，也能让人叹为观止。但需要提醒的是，目前这样的"花板"、"花饰"是电脑的杰作，电脑雕刻机以人工雕刻上百倍的速度，完成着家具、隔扇的全品相雕刻，有人惊呼，这是继清代家具之后更加汹涌的缛繁雕镂的"第二次浪潮"。

对于电脑雕刻机的杰作，许多人认为因其是生产线完成的产品，和以前手工制作的家具隔扇完全不同，所以说价值也不同。

家具市场让人明显感觉到这一点：像清代的红木字台，没有几十万买不到像样的。而仿清全雕工的硬木新写字台，不过三两万元。隔扇的价格也存在这样的现象，新的隔扇，做工精细雕镂可人，只是几百元的标价，而四扇民国时期楠木隔扇，北京有人出到五千元一扇，主家就是不出手。因为今后还有升值的空间。

近年的古典新家具在升值，细究起来，家具本身升值不高，是木材本身在升值。原来千余元一吨的木材，如今涨了几倍。正像做古典家具的厂家说的，我们的工钱涨上去了，木料涨上

用中国画为背景,营造出温婉典雅的气氛

第六章　古典门窗隔扇收藏

去了，家具的卖价没涨，原因是前几年进料便宜，现赚的是木料上涨的差价。

而旧的老的隔扇门窗是不可再生的，尤其是附着在上面的历史印痕是永远抹不掉的。所以十年来它至少升值了五至十倍。问题是这老的隔扇门怎样融进现代楼房的新居室中？

修复北京四合院，许多人用老隔扇。一位据说是来自澳大利亚的洋人，买了东城区一个两百平方米的小院，全部用上老门窗老隔扇，古朴气息扑面而来，比起用新做的显得厚重。也是在北京一个高档公寓楼中，一位成功人士在三百平方米的公寓内装了几十扇满是雕工的新的徽式隔扇门，他说，摆放中国古典家具必须要有这样的立面背景，就像吃茶是吃茶，喝咖啡就是喝咖啡，茶具咖啡具不能混用，房间的中式或西式家具，隔扇就是它们的"背景"。

这位人士讲对了一半，在装修的风格上，中国的东方之美与欧洲的西式之洋也是互融的，民国时期的中国已经走出了这样的路子。一开始，都认为中西结合是非驴非马不伦不类，到后来逐步被认可、形成了一个独立的审美时尚，比如说天津——天津是一座很特别的城市。上海喜欢领风气之先，画画有海派，家具也整出一个海派，在建筑上弄出个石库门；北京似乎永远固守传统，记得作家林希聊天时说，新中国成立前后的北京和天津相比，土多了；天津呢？很少有什么津派的说法，一说小洋楼都是外国什么风格的，一说四合院又很传统，只是在门窗隔扇等方面有些小改良，所以形不成派。虽形不成派，但很洋气，天津人做事似乎都是个人做个人的，谁也不看谁。

天津百年前的建筑和内中的门窗隔扇等，有许多奇奇怪怪甚至不可思议的"特例"。老城厢一四合院的隔扇

一尊古典佛像显示了空间的"抽象"

上，一溜排开的隔扇上没有雕饰，素门素玻璃，但在这玻璃上画的竟是油画；徐家大院一座二楼门楼上装有两套楣子，上面是斜井字花纹中国传统式样，下面是典型的欧式旋木栏杆；天津市大理道蔡成勋故居，是一座欧式折中主义建筑风格的洋楼，其门廊是用木隔扇的改良形式，采用方门口和月亮门口的雕花，非中非西。似这样的实例在天津有很多。天津人在建筑和装饰上谁也不顾谁，各行其是，自行其是，没有统一的规范，没有共同认可的潮流，就不会形成时尚，自然也无派别而言。

天津，确实很特别，从三百年形成的商业街估衣街的建筑上就能看到这种特别。这条老街已消失了，但它确实留下过全国独一无二的建筑，但没有谁曾下定义，这是津派。天津在近百年中，确实很爱追风，劝业场、渤海大楼是天津人自己造的，这种洋楼造得比外国还外国，至今仍是天津建筑的标志，但这是津派吗？没有一个同一的审美取向，形成不了多数认可的潮流。在旧天津，你租界地过你的洋节，我老城厢过我的旧年，互不侵扰，共生共存，不成派也不结帮，这大概就是天津的旧写照吧。

天津的隔扇样式很多，在形制上加进了国外的审美理念，重要的还在于，天津上世纪初的建筑、市容和人们的服饰，都受到欧美时尚的影响，在建筑的装修上欧化之风不可避免。但是，隔扇毕竟是中国建筑中的一个"部件"，不会偏离主题太远，即使有"洋化"也是枝节上的小改小革而已，但是，比起几百年来一成不变的徽闽晋鲁的古镇格扇，风格已相去甚远了。

所以说，没有所谓的不可变化的"中"，也没有不可改变的"洋"，国人的审美

一幅书法给人以无限的想象

情趣能很自然地古为今用，也能颇随意地洋为中用，纵观天津和上海等沿海城市，很容易就能发现这一点，百年前的国人是这样，百年后今天的国人依然如此，而且是有过之而无不及。

有位收藏家把漂亮与美分得很清，他认为"漂亮介乎华丽，美却归于朴实"。借用过来这两句话，似乎更能说清楚隔扇门窗的新旧关系。新作的，唯恐吸引不住人们的目光，于是从华丽繁复上入手，很漂亮，置身于现代的豪宅中能与其中的富贵气息相融；老的，曾经的，过去时代的时尚留存到今天，刺眼的描金红绿的华彩已褪去了光泽，留下的是一缕似隐似现的精魄，回归到了朴实美这一个层面上。

门窗隔扇，无论是新还是旧，都从骨子里流出古典两个字。古典，古代的经典，从时间远处走来的时尚，经过岁月的打磨经过时代筛淘，能走到今天的，必然也能走进明天。你信么？不信我信。

3."前卫抽象"的拿来派

古典门窗隔扇不应被看做"孤零零"的一个老人，他应该有着自己的艺术审美系统，可以对接现代的乃至前卫的艺术。任何一门新兴的艺术思潮都不是凭空而来的，其对接的借鉴的常常是古老的前人艺术。

香奈儿，神秘的女设计师，经常被人们引用的有这样一句话：

从这个世纪开始，有三个名字将被记住：戴高乐、毕加索与香奈儿。

香奈儿与女模特

1958年，模特在香奈儿面前展示她设计的时装，其背景是中国隔扇门式的屏风。

香奈儿设计的服装已成为世界级的品牌，有人这样评价说："世界上有很多设计师，其中不乏比她富有者，但没有一个像她那样，改变了一个时代。"就是这样一位设计师，有这样一幅照片(见170页)，1958年一位靓丽的模特在面前展示她本人设计的服装，其背景就是中国隔扇式屏风，那花鸟和博古图案，那云纹形窗棂，强烈地散发着东方艺术气息，与前面的两位西洋时装丽人模特融合得妙趣天成。这些告诉我们什么呢？东西文化、华洋艺术并非是对立的，运用好了，反而更妙。

伦敦礼服展览上的模特

模特身着传统晚礼服，脚下是老地板。背景是壁炉和金光熠熠的装饰镜，充满了古典西洋气息。

再看2011年在伦敦举办的礼服展的一张照片(见本页)，模特身着传统晚礼服，脚下是老地板，背景是壁炉和金光熠熠的装饰镜，充满了古典西洋气息，但若论"出奇制胜"，当属前文提及的香奈儿那张照片。家庭装修有时也如用兵，岳飞曾说，列兵的阵法固然重要，但"运用之妙，存乎一心"。前卫的、现代的理念并不排斥古老的、传统的物品。

现代建筑多是欧式风格的别墅，或是当代材料的客厅，譬如这个装上欧式花柱的房间（见172页图），前面沙发，后面是一排隔扇，柱饰和家具形成反差。简约现代的家具，放上图案繁复的隔扇是对比，形成视觉感官的差异性，若放上简单图案的隔扇，会相得益彰，让人富于想象。

一组土耳其风格的装饰,如填上中国隔扇……

后记
修复老建筑重在保护文化基因

——安家大院修旧如旧的实践与思考

　　天津市杨柳青安家大院修复已整整7周年，经过7年时间的考量，越来越证明当年修复古建思路的正确。

一、拆与修的决斗

安家大院建于清代同治年间，是"赶大营"第一人安文忠的住宅，安文忠，字茂臣，生于清咸丰二年（1852年），20岁时随左宗棠的军队在甘肃做小买卖，三年时间赚得白银几百两，在杨柳青引起轰动。从此，杨柳青人找到了一条生财之道，即"赶大营"，后形成规模。清晚期，杨柳青人在新疆乌鲁木齐等地已有十万人，一些最大的银号、商铺大都是杨柳青人开的。安文忠于宣统元年（1909年）返回天津，办起银号，后步入金融界。1928年其全家迁往天津市区定居，杨柳青安家大院闲置。新中国成立后一度成为杨柳青公社卫生院，"文革"后成为居民大杂院。

2004年以前，这里的三套四合院中共住了27户居民，腾迁后，一派破败狼藉，用"惨不忍睹"毫不为过。决定修复此院的刘春芬女士，曾先后请来十个施工队勘察，其中有9个施工队都一致认为：太破无法修复，必须拆除重建。

只是基于一种情感，基于多年的收藏情节，刘女士顽固地认为古物若"重建"和复制仿造一样，丢失了原物，使原物成为"仿品"。古建筑一旦拆除重

修复前安家大院面目凋零

　　幸亏古建修复专家说此房的四梁八柱、檩柁、望板仍然完好，所以才决定修复，而不是重建。

安家大院修复时的情景

安家大院修复时的情景

修复后的安家大院后院东小院

建，原有的"历史基因"会消逝，会永远的删除与丢失。不论怎样麻烦，无论多大的投入，也要坚持。终于请来了曾经修复蓟县长城段的古建专家张经理和赵队长，他们经过仔细勘察说，此院落从地基到房屋抬梁式架构基本完好，只是小部分局部有问题，复原后应该比新盖的房还耐用延年。

张经理说，拆除再建，对于盖房的建筑队再容易不过了，虽然现在有古建队，但比起百年前那是小巫见大巫，不是不相信现在的古建队，而是我更相信百年前的建筑。此话掷地有声，至今仍言犹在耳，余音不绝。

二、讲一个修复时的细节

这个院落的临街大门经过150年的风风雨雨，大门楼的左侧下沉20多厘米，用目测已看得很明显，按说这"局部"完全可以推倒重建。而张经理认为，这门楼双层椽檐和两道过木上面的雕花图案很有特色，特别是那一圈纺锤形装饰，尤能体现当年时尚。其门洞的工艺是真正的"磨砖对缝"，所谓磨砖对缝，是将上好的砖把"五个面"磨平，两砖叠放不能有一丝缝隙，如今既没有那样的砖，更没有那样的人，有那样的人，恐怕也没有那样的耐心。结论是现在绝对做不出来。于是他制订方案，

修复后的安家大院正门

分三次抬高，他说若一次抬升到位，门楼会倒塌。前后三次抬高，共用时15天，终于修复如初。果然，门楼修复后，大气端庄，面貌焕然，具有北方特点的大宅院门楼的特点，不张扬但气派，不土气却华贵。

这次，不仅仅是保住了一个四合院的门楼，而且用实践证明了修旧如旧的理念，修复后的大院告诉人们，修得好，修得和原貌一模一样，才是古建价值的真正体现。

三、细节的真实不容模糊

安家大院经过"公用"的半个世纪，已面目全非了。前院的面积约有300多平方米，像一个小广场，当时搭满了各式各样的房子。房顶由原来的青瓦改为红平瓦，前脸也变成了红砖加现代门窗。唯有西厢房保留了青砖墙面和两个起碹的门窗，这是厢房的"原生态"，是当年北方四合院较时尚的做法，这样的门窗比方形的过木式门窗受光面积大，采光效果好，利用了券形的力学原理，更为结实耐用。其房檐没有做成大出檐，而是用砖椽做成短檐，对于雨水并不频繁且冬季寒冷的北方，这样做考虑更多的是利于采光。

正因为留下了"活标本"，于是将东、西厢房一律建成这个样式，恢复建筑的本来面目。

大院南房为"倒座"，其进深比北房要宽一米，显得高大轩敞，其墙面留出一米高的"清水墙"，像是我们现在的"护墙板"，其实起到了"破白"作用。清水墙一色青砖，搭砖骑缝严整平滑，上面嵌一层木条，成为很大气的装饰。修复时若想省事，都刷成白色或用白灰膏泥上变成白墙，这不算什么。但是，为保持原貌，将其清理干净重新整修，保留了一道"景观"。

安家大院是一座很具北方四合院特色的典型建筑，其大门设在东南角，这是北派风水学说坚持的观点。其实早期宅院的大门开在院墙中央处。后北派风水认为住宅与宫殿庙宇不同，应依先天八卦以西北为乾，以东南为坤，乾坤都是最吉利的方位。安家大院在杨柳青估衣街路北，大门开在东南角；而石家大院在估衣街路南，大门开在西北角。安家大院的大门多年未作变动，但大门面对的影壁早已无存。

影壁，又称照壁，是四合院建筑不可或缺的"建筑"，影壁的长宽高，以及和大门的角度，都是有规矩的，既不能随心所欲，也不能别出心裁，一切按照"旧制"。同时还要符合安家大院旧时主人的身份。经设计，用一组"花鸟"的砖雕放在影壁中心位置，同时将四角放上花饰，特别是影壁上方的一组，东面的砖雕为"日出"，西面的为"星月"。处在中心位置的一组砖雕花鸟，花逢正开，绿叶婆娑，啼鸟啾然，似闻其声。有人甚至这样说，此安家大院之"安"，有一"女"字，其影壁用"鸟语花香"图案正暗合这"安"字。这种巧合当然和修复者的精心分不开的。

　　修旧如旧需要一个小心翼翼的施工过程，需要一个又一个推敲求证的过程，心急吃不了热豆腐，急功近利也收不到好的成效。

　　修复不是粗制滥造，需要精细的工作，需要缜密的长考，把原先的建筑读懂，不忽略任何细节，成功就已在其中了。

安家大院前院影壁

安家大院砖雕影壁细部

安家大院前院西墙上的哑窗
　　这是修复安家大院时，利用木格窗和砖雕，在前院西墙上做出一扇哑窗，为大院增色不少。

一组构思奇特的"福禄寿"砖雕影壁
位于安家大院后院门道口,东厢房的山墙上。

四、保护原貌等于保护了新奇

安家大院有两件东西是其他四合院没有的，一是地下金银库，是当年建院子时特意建的；一是地道，是"文革"时期"备战"时由职工和居民挖建的。正如有人说的，如换了别人，即使发现了这些东西，恐怕也会被填埋掉的。

地下金银库是偶然发现的，当时房屋装好了隔扇、截好了断间、修复了屋顶，进入尾声，在铺设正房屋内地面时，发现有几处砖缝用土怎么也填不死。本来可以忽略不计了，但为求工程质量，一切从严，于是让施工人员拿掉此砖，谁知撬开砖发现是一个洞口，盛夏时节阴森森地冒凉气。一个完整的洞口，一个铺排齐整的台阶，于是循梯阶下去，竟是一个保存十分完整的金银库，这个秘密设施大概只有安家大院的原主人知道。在天津的一些大宅院里，常在建房时秘密建一个"金银库"，用以存放贵重东西，同时可以藏身。这个地下建筑没用一根梁柱，用青砖起碹，而且有十分隐秘的通风口，设在隔扇下，根本发现不了。这说

安家大院防空洞入口处的"文革"标志

明这个地下设施不仅可以藏金银财宝，还能藏人。这里面原有一扇铁门，有一处凹进墙内的灯台，可以放蜡烛油灯，台阶、门洞十分规整。据调查，这是目前北方地区四合院唯一保存下来的地下金银库。

当年的杨柳青人都知道安家大院中有地道。因为地道是"文革"时期挖的，从南房直通北房，南房和北房中各有一个洞口出入。洞内高约2米，长20米，宽3米，里面可藏五六十人。虽然下地道去看看并不会让人产生悬念，因地道中是黑黢黢的一片，也难免会让人紧张一阵。下去后用手电往里一照，便见一排排亮晶晶的注射液药瓶奇怪地"站"在那里，反复琢磨后才猜到是雨水大的年头，地道内积水，积水把药瓶托起，水撤了药瓶就"站"在那里了。

这是一个"文革"活标本，用红漆写的毛主席语录在洞口两侧："备战备荒为人民"，"提高警惕，保卫祖国，要准备打仗"。在洞口入口处明明白白用洋灰字标注着"一九七一年六月"，还恭楷刻"祝毛主席万寿无疆"。

这些都在极其封闭的条件下被保存下来了。从20世纪70年代一直到2004年，过去了30多年，而这里一切却是静止的，大红色的标语猩红如昨，那刚硬的宋体美术字颇见功力，特别是用水泥钢筋"铸"出来的洞体，现在敲击起来，无空洞、很平滑，足见当年人们"施工"是如何认真。曾询问过当年参加挖防空洞的杨柳青人，他们说，这些都是卫生院职工和居民利用业余时间义务挖掘的。

见证历史需要实物，实物不用讲话就会把历史"说"得清清楚楚。实物还是回忆的最好媒介物，当时空走过大脑一片空白时，只要有实物，只要看到当年的实物，恐怕历史的场景立刻会历历在目。所以说，保护它、修复它，就能还原历史。

这两处"景观"成为安家大院的亮点之一，人们惊奇惊诧，观后无不津津乐道，因为天津当年有无数的防空洞，但至今基本无存，这里成了"稀缺资源"和罕见的景观。

五、材料用旧不用新

安家大院的修复尽量避开新料，一切用旧，但用旧是件很麻烦又很费钱的事，譬如各屋门前的石台阶。天津地区的台阶几乎都是清一色的山东青石，这种石材耐磨，颜色为青色，与青砖房瓦色调和谐。这种青石还有一个特点，就是遇水不滑。天津是北方地区，雨雪天气还是不少的，这种青石淋雨后反而与鞋底产生"抓力"。不像现在的大理石，遇水如同冰面。天津旧城厢建筑和五大道租界地建筑的台阶，都用这种青石。所以，一个地区喜用一种建材不是没有理由的。当时为了找这种青石，我们几乎把杨柳青镇的老石台阶搜买殆尽。杨柳青不愧是千年古镇，我们陆续找到上百块。那斑驳的石痕，饱满的包浆，不仅让人体会到

修复后的后院东侧门

修复前的后院东侧门

岁月的沧桑，更重要的是，那种不露痕迹的青石阶，就是这座老宅的"原配"。

纵观天津有几处修复的老四合院，有的忽略了地面，比如有的在瓦房内铺上了大理石地面，上面吊上了天花板，用上现在最时尚的材料，把一个原本古色古香的四合院，弄成了单元房、会议室，真让人大跌眼镜。安家大院为铺地面，买了老城厢拆下的十几万块青砖，按照人字花形铺在屋里，只人工费一项就超出铺大理石地面几倍。还有就是各屋的电线，找遍天津，最后在郊县买到裹线的老式黑电线，且一律装上老电门、老电灯罩。在任何细节上，排斥"现代"。

凡老四合院，有几进院的必有旁门，安家大院在东北角处有一旁门，门板破旧，门楼几近倾颓，跑遍杨柳青，终于找到一套柏木门，尺寸基本合适。这

修复前的安家大院大门和后墙
　　大院倒座南侧后墙上原来无窗户，是住户自己开凿的。这次按原貌修复。

修复后的安家大院

安家大院内的青砖墁地

是当地常见的板门，至少有百年之久了，这样的门装上去很谐调，与这座大院十分呼应。

　　材料必须用旧，还要用旧工艺。在一些老四合院的修复上，有的竟用抹洋灰画砖缝的方法，简直是糊弄人，更多的是用红砖当里，再用青砖式样的瓷砖贴上去，一看就是装模作样的"假古董"。安家大院外墙曾被开了七个窗户，为恢复原貌，费大力气找来尺寸相同的老砖，用原工艺砌上，保持了完整，保持了与原建筑的高度统一。

　　安家大院修复过程中有过一次"险肇"，一位自称是古建专家的人说，大院的房基都已不在一个水平线上，他要用水平的办法，在房屋的四角浇铸水泥平台，使房屋保持水平，这样木架构的"四梁八柱"就固若金汤了。后来将此事向古建专家魏克晶先生请教，魏先生说，幸亏没做，这样做了，房屋就塌了。他说木结构的中国建筑是凭借多年的自然沉降找到自身的平衡，一旦破坏了这种平衡，房屋会加速倒塌，看来凡事不可不慎。

六、用隔扇再造一个博物馆

　　修复安家大院严格遵循了原有的建筑格局，唯有在门窗隔扇上有意使之多样化，把天津老城厢大宅院中的隔扇"移植"到这里，形成一个北方隔扇的"总汇"，从而成为一道"木建筑"的景观。

　　这里装进了近300扇门窗隔扇，基本代表了天津地区从明末清初一直到民国时期的隔扇，时间跨越近300年，式样品种近百种，囊括了红木、楠木等高等材质，让人看到了最高的、最宽的、最奇特的门窗、隔扇、挂罩等，从室内到室外，无言地展示着历史曾经的奢华。

　　天津隔扇大气洋气，它明显区别于晋鲁豫地区的民俗土气，也没有北京隔扇的老气和徽闽一带的繁复，它兼有江浙一带的文气和中西合璧的洋气。天津是北方工商业最发达的城市，开埠较早，接受西洋影响较深，尤其是清代遗老、各大军阀政客等齐聚这里，其豪宅的奢华让人叹为观止，门窗隔扇就是其豪宅显富斗奢的一个窗口，同时也展示着那一时期工匠过人的工艺水平。

　　讲述历史需要文字的记载，但更直观的是实物。天津的老城厢彻底连根拔掉

安家大院前院倒座

安家大院前院倒座中的书房

　　安家大院前院倒座中用几组隔扇分隔开间，这是配上民国书桌、小转椅、书柜的一间，与木隔扇和谐统一，营造了书房的文化氛围。

189

安家大院前院北房西侧有一个小客厅

安家大院前院北房东侧用一面大镜子为隔断墙

安家大院后西小院窗前有一株美人梅

了，留下的寥寥的一两套老四合院经整修后，把原来与建筑总体风格合拍的门窗隔扇扔掉，换上的是簇新的千篇一律的窗门隔扇。

而安家大院恰恰"人弃我取"，把当年最显赫的"八大家"豪宅和大院的有特点的"木作"搜集过来，运用智慧，不动声色地装在一起，用事实说话，用实物证明，这些没有浮躁没有偷工减料的"作品"，显示着天津这座北方当年最大的工商业城市逝去的繁华。

门窗是建筑的眼睛，隔扇是建筑最体面的正面"木墙"，也是屋与屋之间似断非断，似隔非隔的屏障，排列成阵，彰显着气势，各色花饰输送着吉祥。安家大院恰恰运用了中国古典建筑最强烈的元素，展示了中国建筑之美。

安家大院建筑与隔扇的互美，还给复古的时尚提供了最好的样板房。一些最讲奢华的年轻人，专到这里来拍摄婚纱照，一些最讲生活品质的人仿照这里的隔扇摆设设计自己的爱巢。他们说，时尚和经典永远不能比，经典是经过时间考验，永不过时，永远让人心仪的，安家大院其实就是北方建筑的经典，这里移步

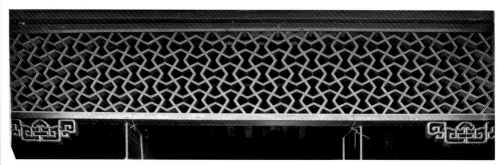

安家大院大门上的挂落

换景的门窗隔扇，集北方之大成，是博物馆与历史遗产最佳结合的典范。

日本人伊东忠太在《中国建筑史》中对中国的门窗隔扇有过这样感慨：

余曾搜集中国窗之格棂种类观之，仅一小地方，旅行一二月，已得三百以上之种类。若调查全中国，其数当达数千矣。

此言不虚，此言让我们增强自信心。安家大院，就已足证中国隔扇之多，天津隔扇之美也。修旧如旧，吾谁与归。

本人嗜收藏，但于门窗隔扇一项涉猎不专，幸有近千扇各色窗扇在手头，有关这方面书籍亦足资参照，还有古建专家魏克晶先生详加指导。书中照片多由女儿姜啸然、张建先生拍摄，后又有付强先生"加盟"，另外还引用了一些书籍中的线描图及照片，在此一并致以深深谢忱。最后感谢春晓伟业图书出版公司万晓春女士及其助理吕依阳，使本书顺利出版，感谢中国书店编辑浔玉为此书付出的努力。

作者于2011年岁暮